高校转型发展系列教材

Photoshop
数码图像处理实用教程

侯琳　主编／李修远　刘新业　副主编

清华大学出版社
北京

内 容 简 介

本书全面、系统地讲解图像处理软件 Photoshop 的相关知识、常用工具和命令的操作及应用，共分 13 章，课程内容由浅入深，知识系统层层递进。

本书以知识点讲解＋实用技巧＋案例制作为主线，每章通过知识点讲解 Photoshop 的相关命令和操作规范，使读者在实际的数码照片处理中能够熟悉操作规则。每章的相关案例和最后一章的综合实战案例，都是目前图像设计领域流行和实用的案例，可帮助读者在实际应用中理解和掌握数码图像处理技巧，提升综合实践技能。

本书内容通俗易懂，视频讲解清晰，可作为本科高等院校、大中专院校相关专业及其他培训学校的教学配套教材和上机指导书，也可作为平面设计、网页设计制作、影视后期处理等相关人员的参考书。

图书在版编目(CIP)数据

Photoshop数码图像处理实用教程 / 侯琳主编. —北京：清华大学出版社，2024.3
高校转型发展系列教材
ISBN 978-7-302-65631-9

Ⅰ. ① P… Ⅱ. ①侯… Ⅲ. ①图像处理软件—高等学校—教材 Ⅳ. ① TP391.413

中国国家版本馆 CIP 数据核字 (2024) 第 048032 号

责任编辑：王燊娉
封面设计：常雪影
版式设计：芃博文化
责任校对：马遥遥
责任印制：刘海龙

出版发行：清华大学出版社
   网   址：https://www.tup.com.cn，https://www.wqxuetang.com
   地   址：北京清华大学学研大厦 A 座   邮   编：100084
   社 总 机：010-83470000   邮   购：010-62786544
   投稿与读者服务：010-62776969，c-service@tup.tsinghua.edu.cn
   质 量 反 馈：010-62772015，zhiliang@tup.tsinghua.edu.cn
印 装 者：三河市铭诚印务有限公司
经 销：全国新华书店
开 本：185mm×260mm   印 张：17   字 数：457 千字
版 次：2024 年 5 月第 1 版   印 次：2024 年 5 月第 1 次印刷
定 价：99.00 元

产品编号：089305-01

◆ 前 言

在数字时代，平面设计在人们的生活中无处不在。例如，电脑、手机中浏览的网页和各种App，电梯间内、楼宇外侧的广告牌，产品包装上的图案和商标，摄影师拍摄的各类数码照片等，都离不开平面设计师的创意和制作。Adobe Photoshop作为一款功能强大的图像处理和设计软件，一直是行业内人士必备和最爱的工具之一。近年来，相关软件不断升级换代，使得Photoshop的功能越来越强大、操作越来越简便。例如，原来对人像抠图用户需要花费大量的时间和精力，还要掌握一定的操作技术，而现在只需要简单一步，就可以完美实现，从而节省大量时间成本和人力资源，这也是Photoshop越来越受人喜爱的原因之一。

本书内容

本书主要针对有数码影像处理和平面设计需求的初学者进行编写，书中详细介绍图像处理软件Photoshop的基本功能、操作流程及实际应用案例，包括13章内容和100多个实例的制作方法。第1~2章主要介绍Photoshop的发展历史、图像处理相关概念和Photoshop基础操作等理论知识，使读者对图像处理软件Photoshop进行初步了解；第3~12章主要介绍Photoshop的各项功能和实际应用，包括选区的创建和编辑、图像的色彩调整、图像的绘制和修复、图层的编辑与应用、蒙版和通道、矢量图形绘制、文字的设计与3D效果制作、滤镜效果的应用、图像自动化处理等内容；第13章综合利用Photoshop的平面处理功能，选择有代表性的6个经典综合案例进行实战练习，详细指导读者，根据教学视频和操作步骤重点完成案例制作。

本书特点

本书讲解详细、配图精美，案例经典、新颖，视频讲解清晰、细致，不仅以文字的形式对二维图像处理的基础知识和Photoshop软件的功能进行详细的介绍，同时结合案例讲解，将二维图像处理的技术性和艺术性有机地结合起来，并且配有丰富的电子资源，如实例的素材、源文件和教学视频等，既增强了读者的技术应用能力，又提升了其艺术创作能力。其主要特点如下。

- 讲解清晰，案例实用，结合时下流行的设计案例，带领读者紧跟设计潮流。
- 插图精致，标识清楚，有助于读者了解每一个操作步骤。
- "PS小贴士"和"PS小讲堂"环节，提示读者在具体操作中的实用技巧，使图像处理更加轻松。
- 素材和资源丰富，提供实例所使用的素材、源文件和效果文件，方便读者使用。
- 附赠100多个实例教学视频，结合理论详细阐述，针对每章的相应知识点进行讲解和演练。

本书资源

当读者需要使用实例素材、源文件、效果文件或PPT课件时，可以扫描右侧的二维码，将文件推送到自己的邮箱后下载获取。

教学资源

当读者需要学习书中实例的制作方法时，可在书中相应实例处扫描二维码，扫描"操作步骤"二维码，可查看实例文字版的详细步骤讲解；扫描"操作重点"二维码，可查看实例的简要概述；扫描"实例视频"二维码，可观看实例的教学视频。

本 书 作 者

本书由侯琳负责全书的整体框架、主要内容的编写及视频录制工作，李修远负责第6~9章内容的编写，刘新业负责第10~11章内容及部分案例的编写。

感谢王云青、张艳、金泓、郑家琦、赵子玥、蔡义茹、孙路青、尹常舟、谢林月、任祎家、龙京泽等师生好友提供摄影作品，感谢张姝昕、仲荟如、陶雯璐参与资料整理。

由于作者水平所限，书中难免有疏漏和不足之处，恳请广大读者批评指正。

编　者

目录

第1章

Photoshop概述

在计算机平面图像设计领域，Photoshop的应用非常广泛。Adobe公司旗下的Photoshop是集图像处理和图形设计于一体的最为专业和出色的软件之一，其强大的功能一直是图形图像领域的专业标杆，其衍生的各种配套素材和插件在平面设计软件中数量也很多，目前仍在不断研发和创新。要深入地了解和学习Photoshop，首先要了解Photoshop的历史和一些常用的平面处理相关知识。本章主要讲解Photoshop的发展历史、应用领域、相关概念，熟悉其工作界面，并练习创建自己常用的工作区，便于后面的学习和使用。

■ 知识点导读：

- Photoshop的发展历史和应用领域
- Photoshop的相关概念
- 熟悉Photoshop工作界面
- 自定义Photoshop工作区

1.1 Photoshop的发展历史

Photoshop最初是由托马斯·诺尔和约翰·诺尔兄弟联合编写的图像编辑程序。1987年，托马斯·诺尔购买了一台苹果电脑，但他发现当时的计算机软件无法显示带灰度的黑白图像，因此自己编写了一个名为Display的程序解决了这个问题。当时他的哥哥约翰·诺尔在大导演乔治·卢卡斯的电影特效制作公司上班，这个程序引起了他哥哥的兴趣。他们花费了一年多的时间把Display修改为功能更为强大的图像编辑程序，并接受一个展会上参展观众的建议，将其最终命名为Photoshop。当时的Photoshop已经拥有色阶、色彩平衡、饱和度等功能。约翰·诺尔还编写了一些程序，这些程序后来成为插件的基础。

随着计算机技术的发展，20世纪90年代初美国的印刷工业发生了较大的变革，印前电脑化开始普及。Photoshop 2.0增加了路径和支持CMYK模式的功能，使印刷厂把分色任务交给了用户。Photoshop 2.0的重要新功能包括支持Adobe公司的矢量图形编辑软件Illustrator等，其最小内存标准从2MB增加到4MB，这有助于提高软件的稳定性。

1995年，Adobe公司意识到了Photoshop的重要性，于是出资买下了Photoshop的所有权，买断其版权，结束了与诺尔兄弟的协议。1998年，Photoshop 5.0推出了历史记录和色彩管理等新功能，成为Photoshop历史上一个重大的改进。2000年推出的6.0版本改进了与其他Adobe工具交换的流畅性。真正的重大改进是在2002年推出的7.0版本，该版本增加了文件浏览器、"修复画笔工具"和"修补工具"等。

2003年，Adobe公司将几个软件进行整合，推出套装，其中新版的Photoshop被命名为

Photoshop Creative Suite，即Photoshop CS。CS版本将原来的插件进行了整合，增加了镜头模糊、镜头校正等专为数码相机而开发的功能。在推出Adobe CS6套装后，2013年，Adobe公司又对制作理念进行了重新调整，推出了Adobe Creative Cloud服务套装，而此时的Photoshop被命名为Photoshop CC，增加了相机防抖、Camera RAW等更多功能，以及Creative Cloud(即云功能)。

2014年6月，Adobe公司发布了具有重大功能更新的Photoshop CC 2014版，其新增功能可以极大地丰富用户对数字图像的处理体验。2015年，Adobe公司针对Creative Cloud套装推出了2015年度的版本更新，其中Photoshop CC 2015正是这次更新的主力，新增或改进的包括人脸识别液化、内容识别裁剪、模糊画廊、油画滤镜、设计空间(预览)、Creative Cloud 库等。

2021年，Adobe公司推出了Photoshop 2021版本，它开启了全新的云文档服务，集图像扫描、一键换天、一键抠图、一键调色、广告创意、图像输入及输出于一体。2023年，Photoshop结合AI人工智能，又增加了选择工具升级、一键填充和删除、邀请编辑、照片恢复神经源滤镜等新功能。

Photoshop每一次的版本升级都伴随着技术的革新和用户更多的使用需求，随着图形图像处理技术的不断发展，相信它的功能会越来越强大，操作会越来越简便，用户也会逐渐从专业人群向大众化发展。图1-1为Photoshop的各版本图标。

Photoshop目前应用的范围非常广泛，不仅涉及平面设计领域，在UI(用户界面)设计、手绘插画、产品设计、商业广告、摄影后期处理、效果图处理、影视特效的数字绘景等方面都有非常出色的表现，其3D功能、时间轴功能和新增加的神经源滤镜等，使Photoshop突破了平面设计的界限，在三维空间、视频处理、人工智能等方面都表现出了强大的融合力。对于用户而言，该软件功能越来越多、操作越来越简便，为设计师天马行空的想象力提供了无限的创作空间。

图1-1　Photoshop的各版本图标

1.2　Photoshop的相关概念

在学习Photoshop时，了解一些关键词汇及其概念可以帮助我们更好地认识和理解图形图像处理的功能和原理，在实际使用和操作中更加得心应手。

1.2.1　像素和分辨率

像素由picture和element两个单词构成，简写为pixel或px，中文称为图像元素。像素是构成数码图像的基本单元，通常以像素/英寸(PPI)为单位来计算图像分辨率的大小。当我们将图像放大数倍，会发现这些连续色调是由许多色彩相近、浓淡变化的小方块组成，这些小方块就是像素。这种最小的图像单元在屏幕上显示为单个的染色点，如图1-2所示。同等大小的图像中像素越多，其拥有的色彩也就越丰富，图像就越清晰。

分辨率决定了位图图像的精细程度。在相同尺寸下，图像的分辨率越高，所包含的像素就越多，图像就会越清晰，印刷质量就越好。

根据用途的不同，分辨率又分为图像分辨率、打印机分辨率、显示器分辨率和扫描分辨率。分辨率的单位有像素/英寸(PPI)、油墨点/英寸(DPI)和线/英寸(LPI)，常用的图像分辨率单位是像素/英寸。图像分辨率越高，表示单位内像素越多，图像质量越好。图1-3为相同图像大小、不同分辨率的图像显示效果。

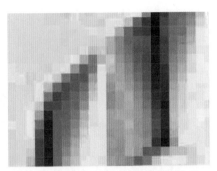

图1-2　将图像放大至3200%时的像素

图1-3　图像分辨率对比

1.2.2　位图和矢量图

位图，也称为点阵图，是由许多不同颜色、不同排列的像素构成的，可以非常逼真地表现景物。位图与分辨率有关，使用"缩放工具"不断放大位图时，可以看到构成图像的无数个像素，从而使图像的线条和形状出现锯齿，丢失大量细节。如图1-4所示，将位图放大后可以清晰地看见像素。

矢量图，也称为向量图，是使用数学方式定义的一系列由线连接的点，以及由线围成的色块。矢量图中的图形元素称为对象，每个对象都是一个独立的实体，具有大小、颜色、形状、轮廓等属性。矢量图与分辨率无关，它是根据图形的几何特性绘制的，因此，无论如何放大图形都不会失真(见图1-5)，常用于图形设计、文字设计和标志设计等，但缺点是难以表现色彩层次丰富的逼真图像效果。

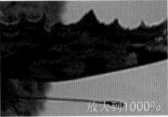

图1-4　位图放大后的效果

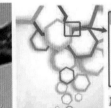

图1-5　矢量图放大后的效果

1.2.3　图像常用格式

在编辑图形图像时，可使用如下几种格式的文件。

1. JPEG格式

JPEG简称为JPG或JPE格式，是保存图像时最常用的格式之一，它能够将图片压缩至很小的存储空间，但缺点是由于过度压缩，会导致图片的质量和细节丢失，虽然能够保存大部分的色彩信息，但不利于高清信息的保存，放大以后会出现明显的锯齿或模糊现象。

2. PNG格式

PNG是一种可以展现透明图层的常用图像格式，它支持Alpha通道的透明度。用户在使用时，可以随意将其放置在任意一幅背景图像中，而无须再进行抠图处理，常用于图像的合成制作和UI设计。

3. GIF格式

GIF也是一种压缩图像格式，可以制作成静态GIF图像和动态GIF图像。这种格式支持动态图片和透明背景的输出，常用于网页设计和动态头像的制作。

4. PSD格式

PSD是Photoshop默认的存储格式，可以保存在Photoshop中的所有操作记录，包括保留路径、图层、通道等，属于图像处理的源文件，便于用户反复设计和修改。但缺点是通常情况下在计算机的文件夹中不能直接预览，需要进入Photoshop中才能使用，而且存储的信息多，图像体积庞大，比较占存储空间。

5. TIFF格式

TIFF简称为TIF格式，也是存储源文件比较常用的格式，它支持存储颜色模式、路径、图层、不透明度等操作信息，类似于PSD格式，但其在计算机的文件夹中可以预览，存储空间比较大。

6. BMP格式

BMP是Windows操作系统的标准图像文件格式，常用于Windows画图等应用程序。它包含的图像信息比较丰富，几乎不能压缩，因此占用的存储空间也比较大。

1.2.4 颜色模式

颜色模式是将某种颜色表现为数字形式的模型，或者说是一种记录图像颜色的方式，可分为RGB颜色模式、CMYK颜色模式、Lab颜色模式、灰度模式、位图模式、双色调模式、索引颜色模式和多通道模式等。

1. RGB颜色模式

自然界中的颜色都可以用红(R)、绿(G)、蓝(B)这3种波长的不同强度组合而形成，即人们所说的三基色原理。红、绿、蓝被人们称为三基色或三原色，也被称为加色，这是因为当我们把不同光的波长加到一起的时候，得到的是更加明亮的颜色。在8位通道的图像中，每个RGB分量的强度值为0(黑色)～255(白色)。当R、G、B这3个分量的值相等时，结果是中性灰度级；当值都为0时，结果是纯黑色；当值都为255时，结果是纯白色。彩色图像中的R、G、B这3个分量的值不同时，这三种颜色混合叠加到一起会自动显示为其他颜色，因此，RGB颜色模式也称为加色模式。图1-6为RGB颜色模式。

2. CMYK颜色模式

CMYK颜色模式是利用光在物体上照射后反射的光线混合而形成颜色，也称为减色模式。这种减色模式比较适合印刷。CMYK代表了4种颜色：C——青色(Cyan)，M——洋红(Magenta)，Y——黄色(Yellow)，K——黑色(Black)。因为在实际混合中，青色、洋红、黄色很难叠加成真正的黑色，因此才引入了黑色，作用是强化暗调，加深暗部色彩。CMYK颜色模式是一种印刷模式，它与RGB颜色模式的区别是产生色彩的原理不同。在RGB颜色模式中，由光源发出的色光混合生成颜色，而在CMYK颜色模式中，由光线照到有不同比例C、M、Y、K油墨的纸上，部分光谱被吸收后，反射到人眼的光产生颜色。由于C、M、Y、K在混合成色时，随着这4种成分的增多，反射到人眼的光会越来越少，光线的亮度会越来越低，所以CMYK模式产生颜色的方法又称为色光减色法。图1-7为CMYK颜色模式。

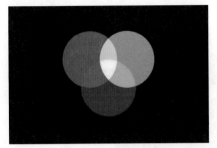

图1-6　RGB颜色模式

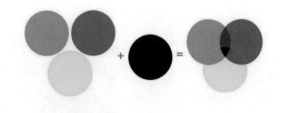

图1-7　CMYK颜色模式

3. Lab颜色模式

Lab颜色是由RGB三基色转换而来的，它是由RGB模式转换为HSB模式和CMYK模式的桥梁。该颜色模式由一个发光率(luminance)和两个颜色(a，b)轴组成。它弥补了RGB和CMYK两种颜色模式的不足，是一种基于生理特征的颜色模型。Lab颜色模型由三个要素组成，一个要素是亮度(L)，a和b是两个颜色通道。a表示的范围是从深绿色(低亮度值)到灰色(中亮度值)再到亮粉红色(高亮度值)；b表示的范围是从亮蓝色(低亮度值)到灰色(中亮度值)再到黄色(高亮度值)。因此，这些颜色混合后将产生具有明亮效果的色彩。它是一种"独立于设备"的颜色模式，即不论使用任何一种监视器或者打印机，Lab的颜色都不变。图1-8为Lab颜色模式。

4. 灰度模式

灰度模式使用单一色调表现图像，用于将彩色图像进行去色，转成高品质黑白图像。灰度模式可以使用256阶灰色调表现图像，使图像的过渡平滑、细腻。灰度图像的每个像素有一个0(黑色)~255(白色)的亮度值。灰度值也可以用黑色油墨覆盖的百分比来表示(0%等于白色，100%等于黑色)。将彩色图像转换为灰度模式时会丢失所有的颜色信息，而丢失的颜色信息不能再还原，如图1-9所示。

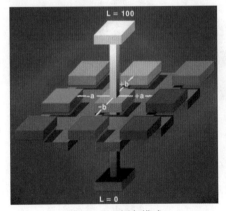

图1-8　Lab颜色模式

图1-9　灰度模式

5. 位图模式

位图模式用两种颜色(黑和白)表示图像中的像素。位图模式的图像也叫作黑白图像，因为其深度为1，也称为1位图像。由于位图模式只用黑白色表示图像的像素，在将图像转换为位图模式时会丢失大量细节，因此，Photoshop提供了几种算法模拟图像中丢失的细节。在宽度、高度和分辨率相同的情况下，位图模式的图像尺寸最小，约为灰度模式的1/7和RGB模式的1/22。RGB颜色模式转换为位图模式时需要先转换为灰度模式，扔掉彩色颜色信息，再通过灰度模式进行位图模式的转换，如图1-10所示。

图1-10　位图模式

6. 双色调模式

双色调模式采用2～4种彩色油墨创建由双色调(2种颜色)、三色调(3种颜色)和四色调(4种颜色)混合其色阶来组成图像。在将灰度模式转换为双色调模式的过程中，可以对色调进行编辑，产生特殊的效果。双色调模式最主要的用途是使用尽量少的颜色表现尽量多的颜色层次，这对于降低印刷成本是很重要的，因为在印刷时，每增加一种色调都需要更大的成本。图1-11为不同颜色模式效果。

图1-11　RGB颜色模式、单色调模式、双色调模式

7. 索引颜色模式

索引颜色模式是网络和动画中常用的图像模式，当彩色图像转换为索引颜色的图像后，该索引颜色图像包括近256种颜色。索引颜色图像包含一个颜色表。如果原图像的颜色不能用256色表现，则Photoshop会从可使用的颜色中选出最相近的来模拟这些颜色，这样可以减小图像文件大小。颜色表用于存放图像中的颜色并为其建立颜色索引，可在转换的过程中定义或在生成索引图像后修改。图1-12为RGB颜色模式转换为索引颜色模式后使用"黑体"颜色表生成的图像。

8. 多通道模式

多通道模式对有特殊打印要求的图像非常有用。例如，如果图像中只使用了一两种或两三种颜色时，使用多通道模式可以减少印刷成本并保证图像颜色的正确输出。8位/16位通道模式在灰度、RGB或CMYK模式下，可以使用16位通道来代替默认的8位通道。根据默认情况，8位通道中包含256个色阶；如果增加到16位，每个通道的色阶数量为65 536个，这样能得到更多的色彩细节。Photoshop可以识别和输入16位通道的图像，但对于这种图像限制很多，所有的滤镜都不能使用，另外16位通道模式的图像不能被印刷，如图1-13所示。

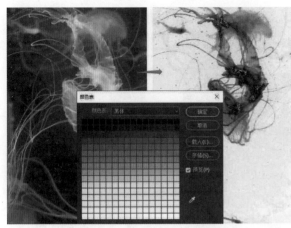

图1-12 索引颜色模式"颜色表"

图1-13 RGB颜色模式转换为多通道模式

1.3 熟悉Photoshop工作界面

1.3.1 工作界面

虽然Photoshop不断更新换代，增加了许多新的功能，但工作界面变化不大，新老用户都能够很快地适应新版本的工作环境，进入工作状态，如图1-14所示。

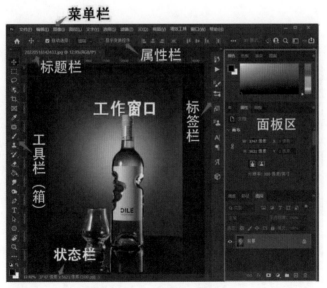

图1-14 Photoshop工作界面

其工作界面中各部分作用如下。

1. 菜单栏

菜单栏的12个菜单中包括Photoshop所有的操作命令，每个菜单下包括该类型命令中的多个子菜单及操作选项，为用户提供了多种操作方案。例如，"滤镜"菜单中的模糊类型，包括"表面模糊""动感模糊"等11种不同类型的模糊效果。

2. 工具栏

工具栏(工具箱)中集合了Photoshop所有常用的工具，图标右下角带有三角符号的表示同类型的工具组，长按鼠标左键或右击可以展开该工具组中的所有工具，全部打开包括近70种不同的工具。图1-15为橡皮擦工具组。

图1-15　橡皮擦工具组

3. 属性栏

属性栏用于显示工具箱中所选工具的属性及参数设置。图1-16为移动工具的属性栏。

图1-16　移动工具的属性栏

4. 标题栏

标题栏用于显示当前图像的名称、缩放比例、颜色模式等信息。

5. 面板区

面板区中主要包括"颜色"面板、"调整"面板、"图层"面板等31个面板，用于配合当前图像的操作调整和参数编辑。

6. 工作窗口

工作窗口用于显示打开的图像和在图像中的操作。不同图像在工作窗口中默认以并列标题栏的方式显示，拖动标题栏可以将图像以浮动窗口方式显示，如图1-17所示。

图1-17　Photoshop中的浮动图像窗口

1.3.2 工具箱

Photoshop工具箱中提供了图像处理和图形设计常用的工具，总共包括近20个工具组、70多种工具，可以完成创建选区、修饰图像、绘制图像等操作。工具箱默认处于Photoshop界面的左侧，拖动其顶部可以将其放置在界面的任意位置，双击其顶部可以将工具双排显示，再次双击则可以返回单排显示。有些工具右下角有三角形标志，说明其中有隐藏的工具，长按鼠标左键或右击，即可弹出该工具组中包括的工具，如图1-18所示。

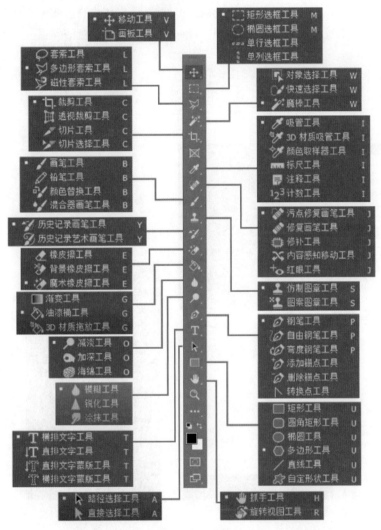

图1-18　工具箱

1.3.3 菜单

Photoshop的菜单栏由"文件""编辑"等12个菜单组成，涵盖了Photoshop所有的操作命令。单击菜单中的某一项，即可弹出相应的菜单内容，有些菜单名称的右侧有三角标识，表示其包括一个子菜单。如图1-19所示，"文件">"导出"菜单中包括一个子菜单。

1.3.4 面板

Photoshop的面板默认在工作界面右侧，面板的功能是帮助用户观察图像文件的信息和状态，以及对图像进行特定类型的操作，如"颜色"面板，主要针对前景色的颜色值进行设置和调整，如图1-20所示。

Photoshop一共包括31个面板，默认工作界面中只显示一部分，其他面板都在"窗口"菜单中以命令形式出现，单击面板名称，即可在工作区中显示对应面板。已经显示的面板，在"窗口"菜单中对应命令前以"√"符号表示，如图1-21所示。

图1-19　"文件"菜单　　　　图1-20　"颜色"面板　　图1-21　"窗口"菜单中的面板名称

1.3.5 自定义工作区

1. 切换工作区

Photoshop的平面处理功能非常强大，因此拥有不同行业的用户群体。Adobe公司考虑到这方面原因，在功能上为用户设置了不同类型的工作区，更加方便各类用户操作。单击"窗口"菜单中的"工作区"命令，其子菜单中列出了6种常用工作区，包括"基本功能""3D""动感""绘画""摄影"和"排版规则"，如图1-22所示。对于不同的工作区，在面板和工具箱中显示的内容会有所不同。图1-23为"绘画"工作区中的面板区。

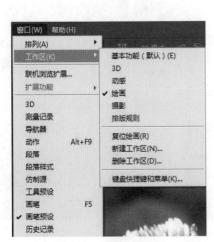

图1-22　6种工作区

图1-23　"绘画"工作区中的面板区

2. 自定义工具箱

　　Photoshop中的工具箱可以根据用户需要自定义。单击工具箱顶部的双向箭头，可以将其变成双排工具箱。使用鼠标左键拖动其顶部，还可以使其悬浮于操作界面中，从而随意安排工具箱的位置，如图1-24所示。

图1-24　自定义工具箱

3. 自定义面板区

Photoshop面板区也可以根据个人要求随意调整位置，用户只需要按住鼠标左键拖动面板的顶部，就可以任意安排该面板的位置，如图1-25所示。

图1-25　自由设置面板位置

当用户使用更多面板时，工作界面就会变得拥挤不堪，有些不需要的面板可以关闭或者以图标的样式停靠在工作区右侧标签栏，双击某一面板右上角的双三角箭头，即可将其缩小为图标，反之双击该图标即可展开面板。图1-26展示了如何收缩和展开"画笔"面板。

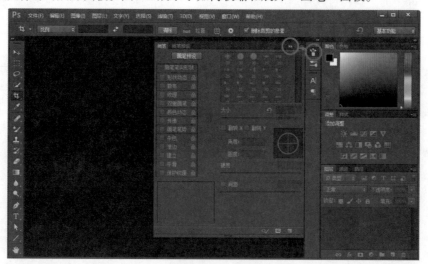

图1-26　收缩和展开"画笔"面板

4. 保存工作区

用户设置好工作区后，可以通过执行菜单"窗口"＞"工作区"＞"新建工作区"命令保存预设的工作区，在打开的"新建工作区"对话框中输入预设的工作区名称，如图1-27所示。自定义的工作区会出现在"窗口"菜单的工作区中，待需要时可以随时调用。

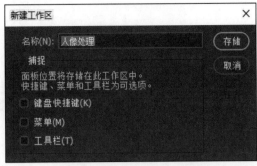

图1-27　"新建工作区"对话框

第2章
Photoshop基础操作

在正式使用Photoshop进行图像处理和设计之前，用户需要了解和掌握一些Photoshop的基础操作，包括文件的新建、打开、关闭，以及图像大小、分辨率的调整等，通过学习这些基础操作，能够帮助用户进一步了解Photoshop，更加简单、快捷地对图像进行处理和设计，从而实现创意。

■ 知识点导读：
- Photoshop的文件管理
- 图像文件的基本操作
- Photoshop的辅助工具
- Photoshop的常用快捷键

2.1 文件的管理

计算机中的图像文件也与其他文件一样，需要在平面软件中进行管理和编辑，掌握一些常用的图像文件管理方法，可以使我们更好地应用软件，对大量的图像文件进行更加便捷的编辑和管理。进入Photoshop初始界面，会以文字形式指导用户导入或直接打开曾用过的图片素材，方便进行选择和管理。左侧的按钮可以选择"新建"文件和"打开"文件，如图2-1所示。

图2-1　Photoshop初始界面

2.1.1 新建文件

Photoshop中的新建文件，通常是指新建一个空白的图像文件或画板。用户可以在其中进行绘制和设计等操作。

单击初始界面中的"新建"按钮，打开"新建文档"对话框，在其中可以选择不同类别的预设，或者自定义图像文件。对话框右侧可以设置文件的名称、宽度、高度、单位、分辨率、颜色模式、背景内容等信息。执行菜单"文件">"新建"命令或按快捷键Ctrl+N，也可以打开"新建文档"对话框，如图2-2所示。

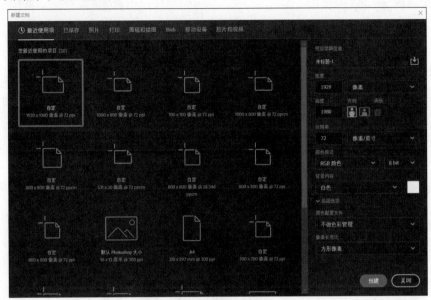

图2-2 "新建文档"对话框

用户可以自定义新建图像文件的参数，也可以通过设置通用标准的图像文件，如最近使用项、照片、打印、图稿和插图、Web、移动设备、胶片和视频等常用尺寸的图像文件，以帮助用户根据不同需要设定好图像的尺寸。

新建文档参数设置

● 单位：常用的图像单位有像素、英寸、厘米等。

> **PS小贴士**
>
> 注意图像单位之间的换算差别，在分辨率为72像素/英寸时，1英寸=72像素，1厘米=28像素，因此，单位为像素的时候，图像宽高的数值往往较大，如800像素、1280像素等；而单位为英寸和厘米时，图像宽高的数值往往较小。例如，美国标准纸张(美国信纸)分辨率300像素/英寸下，它的宽度为8.5英寸、高度为11英寸，图像大小为24.1MB。用户容易忽略和出错的地方是使用厘米或英寸为单位时，还设置了较大的长宽，导致整个图像文件过大，操作起来很不方便。

● 分辨率：分辨率标志着单位图像面积中像素的数量，主要单位有"像素/英寸"和"像素/厘米"，常用设置为72像素/英寸、150像素/英寸和300像素/英寸。分辨率越大，图像包含的像素越多，图像质量越高。

● 颜色模式：用于选择新建图像的颜色模式。RGB是常用的彩色图像模式，CMYK颜色模式常用于打印，其他还有位图模式、灰度模式等。

● 背景内容：用于设置新建图像的背景颜色，可以设置的有白色、黑色、背景色、透明和自定义，用户可根据实际需要进行选择。

2.1.2 打开文件

Photoshop中有多种打开图像文件的方法，可以通过"文件"菜单中的"打开""打开为""在Bridge中浏览""最近打开文件""打开为智能对象"等几个命令打开图像文件。

1. 使用"打开"命令

执行菜单"文件">"打开"命令或按快捷键Ctrl+O，可以打开"打开"对话框，用户可以在其中预览并选择需要的图像文件，双击该图像文件，或者选择图像文件后单击下方的"打开"按钮，即可完成图像的打开操作。

PS小讲堂

在"打开"对话框中任选一个文件，在"文件名"文本框中输入字母或数字，可以快速查找到以该字母或数字开头的图像文件。

在"打开"对话框中，按住Ctrl键单击，可以选中多个不连续的图片素材打开，按住Shift键单击选中首尾的两个文件，可以连选图片素材，如图2-3所示。

图2-3　按住Shift键连选多个素材

2. 使用"打开为"命令

当使用的图像文件的扩展名与实际格式不匹配或者文件没有扩展名时，不能使用"打开"命令，此时可以使用"打开为"命令，打开"打开"对话框，如图2-4所示。在其中选择正确的扩展名，单击"打开"按钮即可将文件打开。

3. 使用"Bridge中浏览"命令

如果有些PSD文件不能在"打开"对话框中正常显示，用户可以通过Bridge打开。执行菜单"文件">"在Bridge中浏览"命

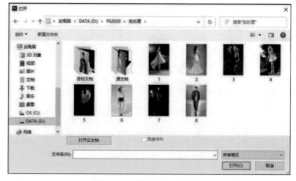

图2-4　"打开"对话框

令，启动Bridge，在Bridge界面中选择需要的文件，双击即可将其在Photoshop中打开。

4. 使用"最近打开文件"命令

Photoshop可以自动记录最近打开的20个文件，执行菜单"文件">"最近打开文件"命令，在其弹出的子菜单中即可选择显示的文件。若想清除列表，可以执行菜单底部的"清除最近的文件列表"命令，如图2-5所示。

5. 使用"打开为智能对象"命令

该命令可以将图像以智能对象方式打开，对其执行任何编辑操作都不会对原始图像数据有任何影响。执行菜单"文件">"打开为智能对象"命令，打开"打开"对话框，选择要使用的图像文件，单击"打开"按钮可以将文件以智能对象方式打开，如图2-6所示。

图2-5 "最近打开文件"菜单

图2-6 打开为智能对象

2.1.3 保存文件

在Photoshop中需要经常对编辑操作的图像进行保存，以避免由于意外造成文件丢失或操作过程丢失。养成良好的文件保存习惯，可以最大限度地保证用户工作成果的安全。常用的保存文件的方法有3种：使用"存储""存储为"和"存储副本"命令。

1. 使用"存储"命令

执行菜单"文件">"存储"命令或按快捷键Ctrl+S，可以对当前编辑的图像文件直接保存，没有对话框出现。但如果是对新建或之前并未保存过的文件进行存储，执行该命令后则会打开"存储为"对话框，在其中可设置存储要求。

2. 使用"存储为"命令

执行菜单"文件">"存储为"命令或按快捷键Shift+Ctrl+S，打开"存储为"对话框，用户可以在其中设置当前图像文件的存储设置，此时图像可以保存为任意图像类型。

3. 使用"存储副本"命令

执行菜单"文件">"存储副本"命令或按快捷键Alt+Ctrl+S，打开"存储副本"对话框，用户同样可以在其中进行设置。存储副本是为了文件的安全，防止用户在进行存储时，因为文件名称完全相同而覆盖了原有的文件，副本文件会以"原文件名 拷贝"的形式命名，如图2-7所示。

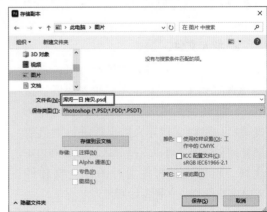

图2-7 "存储副本"对话框

2.1.4 关闭文件

图像文件编辑完成后，就可以关闭该文件，下面介绍几个关闭文件的命令。

1. "关闭"命令

执行菜单"文件">"关闭"命令，或按快捷键Ctrl+W，或直接单击图像文件右上角的 ✕ 按钮，可以关闭当前的图像文件。

2. "关闭全部"命令

执行菜单"文件">"关闭全部"命令或按快捷键Ctrl+Alt+W，可以关闭当前打开的所有文件。注意，如果图像进行了编辑操作而并没有保存，执行该命令时则会弹出提示对话框，提示用户是否保存文件，如图2-8所示。

图2-8 关闭所有文件时的保存提示

3. "关闭其他"命令

当Photoshop中同时打开多个图像文件，需要关闭除当前图像文件以外的其他图像文件时，可以执行菜单"文件">"关闭其他"命令或按快捷键Alt+Ctrl+P。

4. "关闭并转到Bridge"命令

执行菜单"文件">"关闭并转到Bridge"命令，将关闭当前图像文件并转到图像管理软件Bridge中打开。

5. "退出"命令

除了关闭图像文件命令以外，用户如果此时已经结束Photoshop的所有操作，执行菜单"文件">"退出"命令或者单击程序右上角的 ✕ 按钮，就可以关闭文件并退出Photoshop。

2.1.5 置入、导入和导出文件

1. 置入图像

执行菜单"文件">"置入链接的智能对象"命令，可以将图像文件以智能对象方式添加到当前的图像中，用户可以通过自由变形边框对其大小和位置进行调整，按Enter键确定大小和位置。若将图像从软件外部直接拖入背景图像中，置入的图像也将以智能对象方式嵌入当前背景图像中，如图2-9所示。

图2-9 "置入链接的智能对象"将图像合成

2. 导入文件

Photoshop中的导入文件命令可以将一些特殊的文件和对象导入，如"变量数据组""视频帧到图层""注释"和"WIA支持"，可以支持导入数据库进行大量数据管理和处理，可以支持导入视频帧和PDF注释，可以支持直接通过图像处理软件WIA获取图像，如图2-10所示。

图2-10 "导入"命令

3. 导出文件

当用户需要使用其他软件编辑或使用文件时，可以执行菜单"文件">"导出"命令将其以其他文件形式导出，其中包括"快速导出为PNG""存储为Web所用格式""颜色查找表""数据组作为文件""渲染视频"等命令，如图2-11所示。

图2-11 "导出"命令

2.2 图像的基本操作

Photoshop中很多常用的基本操作，可以帮助用户简单、快速地对数码照片进行调整，提升照片的质量。

2.2.1 调整图像大小和分辨率

用户拍摄的数码照片素材，或者从网上下载的素材图片，其用途可能不同，尺寸大小和分辨率也可能不同，为了方便编辑和使用，用户需要对其图像参数进行调整。执行菜单"图像">"图像大小"命令或按快捷键Ctrl+Alt+I，打开"图像大小"对话框，对当前图像文件进行设置，如图2-12所示。

图2-12 "图像大小"对话框

PS小讲堂

- 在"图像大小"对话框中重新设置"宽度"和"高度"会直接影响图像大小和尺寸。
- 重新设置"分辨率"会直接影响图像的清晰度和图像大小，在设置分辨率时，用户不要简单地将分辨率由低升高，这样不仅不会使图像变清晰，反而还会增加图像大小，影响操作。
- "宽度"和"高度"前有一个 按钮，可约束长宽比，如果想改变图像的显示比例，则可以关闭该按钮，分别输入宽度和高度。
- 取消勾选"重新采样"复选框时，无论改变"宽度""高度""分辨率"哪一项，图像大小都保持原样不会改变，如图2-13所示。

图2-13 取消勾选"重新采样"复选框

2.2.2 调整画布大小

Photoshop中的画布是指实际打印的工作区，画布大小的调整会直接影响最终输出的图像大小。执行菜单"图像">"画布大小"命令，打开"画布大小"对话框，在其中可以修改画布尺寸，如图2-14所示。

图2-14 "画布大小"对话框

画布大小参数设置

- 当前大小：显示当前图像画布的大小、宽度和高度。
- 新建大小：用于设置图像画布修改后的大小和宽高，如果宽度、高度大于原来尺寸，会增大画布，反之则会减小画布。
- 相对：勾选该复选框，表示增加画布大小是相对于原来画布的实际大小，未设置之前"新建大小"的宽度和高度均变为0，输入的数值代表增加或减少的相对宽度和高度。
- 定位：原点代表当前图像在新画布中的位置，箭头代表扩展的画布方向。
- 画布扩展颜色：在该下拉列表中可以选择扩大画布时填充的颜色，默认时为背景色(白色)填充。

2.2.3 旋转画布

当素材图像的角度不能满足用户的需要时，可对图像的画布进行旋转或翻转。执行"图像">"图像旋转"命令，弹出包括各种常用角度的旋转命令，可以旋转和翻转画布。图2-15为"图像旋转"命令。图2-16为水平翻转画布效果。

图2-15 "图像旋转"命令

图2-16 水平翻转画布效果

PS小贴士

如果用户需要将图像旋转特殊的角度，如30°、45°等，可以执行"图像">"图像旋转">"任意角度"命令，在打开的"旋转画布"对话框中输入需要的角度值和旋转方向，即可对画布进行任意角度旋转。如图2-17所示，将素材顺时针旋转30°，系统默认使用背景色填充空白部分。

图2-17 顺时针旋转30°

2.2.4　图像的移动、对齐和变形

在合成图像的过程中，经常需要移动图像至不同的位置或调整图像大小，用户可以使用工具箱中的"移动工具"和"编辑"菜单中的变换路径命令来实现。

1. 图像的移动

移动图像是处理图像时经常需要操作的步骤。移动图像时，通常使用工具箱中的"移动工具"来实现。

2. 图像的对齐

在移动工具属性栏中，有一组图层对齐和分布命令，可以快速地对齐或分布多个图层，如图2-19所示。

当图像文件中有两个及以上的图层需要对齐操作时，只需将这些图层选中，就可以使用"移动工具"中的对齐命令将这些图层对齐；也可以单击旁边的"对齐并分布"按钮，从中选择对齐方式，如图2-20所示。

图2-18　使用"移动工具"调整图像位置

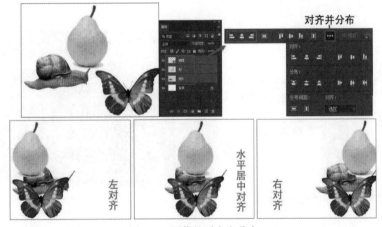

图2-19　对齐和分布

图2-20　图像的对齐和分布

3. 图像的变形

执行菜单"编辑">"自由变换路径"命令或按快捷键Ctrl+T，可在图像周围出现一个自由变换框，通过对自由变换框的大小和角度的调整，就可以实现图像的变形。自由变换框周围有8个控制点，将鼠标放在上面可以改变中心位置和控制点位置；将鼠标放在4个直角控制点之外，可以对图像进行旋转。此外，在进行自由变换的同时，还可以右击对象，弹出快捷菜单，对图像进行更加细致的变形，如图2-21所示。

图2-21　调整图像大小并水平翻转

PS小讲堂

自由变换命令可以配合一些常用的快捷键，以帮助用户更快更方便地操作，如图2-22所示。

- Ctrl键：按住该键，拖动任意控制点可以改变该点的位置。
- Shift+Alt键：按住这两个键，拖动变换框直角控制点可以对图像进行缩放，中心点保持不变。
- Ctrl+Shift键：按住这两个键，拖动变换框直线上的控制点，可对图像进行斜切。
- Ctrl+Alt键：按住这两个键，拖动变换框直角控制点，可使图像产生透视效果。

图2-22　按住Ctrl键拖动任意点变形

2.2.5　设置前景色和背景色

在使用Photoshop时，经常会用到一些需要颜色填充的工具，如画笔、形状、文字、油漆桶等。Photoshop工具箱中的前景色和背景色就是进行填充时的主要颜色，前景色主要用于进行绘画、填充和对选区描边，背景色主要用于生成渐变填充和擦除的区域，如图2-23所示。有些需要颜色填充的滤镜效果也要前景色和背景色的配合才能很好地使用，如半调图案、云彩等。单击前景色或背景色色块，打开"拾色器"对话框，可以对颜色进行选择和设置，如图2-24所示。

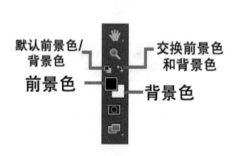

图2-23　工具箱中的前景色和背景色工具

图2-24　"拾色器"对话框

2.2.6　复制图像

"图像" > "复制"命令可以创建当前图像文件的一个副本，常用于对比原始和修改后的效果。执行菜单"图像" > "复制"命令，打开"复制图像"对话框，在其中可以为复制的副本重命名，单击"确定"按钮完成副本创建，如图2-25和图2-26所示。

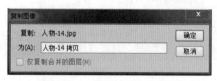

图2-25　"复制图像"对话框

图2-26　复制图像副本

PS小贴士

"复制图像"对话框中的"仅复制合并的图层"复选框，只有当复制的文件包含多个图层的时候才可以使用，勾选该复选框后，被复制的图像会将多层图像文件合并为单图层的图像文件。

2.2.7　图像的裁剪和裁切

当图像素材画面内容过多或者角度不正的时候，用户可以使用"裁剪工具"和"裁切"命令进行修整。

1. 裁剪工具

使用工具箱中的"裁剪工具"可以直接对图像进行裁剪。当使用该工具时，图像中会显示裁剪的矩形框，用户可以通过鼠标调整矩形框的边缘位置，确定裁剪后的区域，被裁掉的区域以半透明的黑色显示，如图2-27所示。如果素材照片的角度需要调整，在裁剪时将鼠标放在裁剪框的直角点外侧，则可以调整素材的角度，如图2-28所示。

裁剪工具属性栏中还有常用长宽和分辨率的预设，可以直接将图像裁剪为设定的大小，如图2-29所示。如果需要延长画布，也可以将裁剪框放大并确认，增加的画面显示为背景色。

图2-27　裁掉多余部分

图2-28　调整素材角度

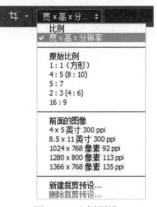
图2-29　比例预设

2. 透视裁剪工具

工具箱裁剪工具组中的第2个工具"透视裁剪工具"，是一个非常实用的图像校正工具，可以快速校正原图中图像的透视视角，使其成为一张平面视角的图像。操作方法很简单，使用"透视裁剪工具"在需要裁剪的图像边缘的4个点建立裁剪区域，用鼠标按住控制点可以任意进行位置的调整，单击属性栏中的"提交当前裁剪操作"按钮，就可以将裁剪区域进行裁剪并校正，如图2-30所示。

图2-30　使用"透视裁剪工具"校正图像

3. "裁剪"命令

执行菜单"图像">"裁剪"命令，可以将图像按照事先选定的选区进行矩形裁剪，即先在打开的图像中创建需要裁剪的选区，再执行菜单"图像">"裁剪"命令，就可以实现对图像的裁剪。需要注意的是，无论选区是什么形状，"裁剪"命令都会最终将图像裁剪为矩形，如图2-31所示。

4. "裁切"命令

执行菜单"图像">"裁切"命令同样可以对图像进行裁剪。使用"裁切"命令时，要提前确定删除的像素区域，如根据透明像素或者边缘像素颜色，将图像中与左上角或右下角像素颜色比较后进行裁切。图2-32是将背景为透明效果的PNG图像进行基于"透明像素"的裁切。

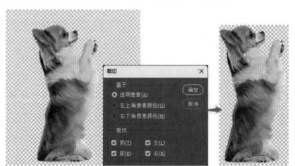

图2-31　使用"裁剪"命令裁剪选区图像　　　　图2-32　基于透明像素的裁切

2.2.8　图像的撤销和恢复

在对图像进行编辑操作时，用户可能要反复进行修改，此时可以使用还原、重做和恢复操作。

1. "还原"命令和快捷键

执行菜单"编辑">"还原"命令或按快捷键Ctrl+Z，可以还原上一次操作。重复按快捷键Ctrl+Z则继续还原之前的操作，系统默认可以还原50步操作。

如果需要恢复退回的操作，可以执行菜单"编辑">"重做"命令，但是这一操作只能执行一步，其快捷键是Shift+Ctrl+Z。

2. "历史记录"面板

"历史记录"面板主要用于记录用户在编辑图像时产生的操作步骤，通过该面板可以快速地进行还原、重做操作，并可以一步恢复初始图像。该面板可以记录50次操作步骤，用户单击其中任意一项，就可以立刻回到当时的操作，单击图像缩略图位置，即可一步恢复初始图像，如图2-33所示。

图2-33　　"历史记录"面板

3. "恢复"命令和快捷键F12

当用户希望撤销所有操作，并恢复图像原图效果的时候，可以执行菜单"文件">"恢复"命令或按快捷键F12来完成图像的一键恢复。

2.2.9　内容识别填充

"编辑"菜单中的"内容识别填充"命令，就是从图像中某些部分取样，并将取样内容无缝地填充到事先选定的图像中，使其自然地覆盖在填充图像中。操作时，框选好需要填充的部分后，执行菜单"编辑">"内容识别填充"命令，或者在选区中右击，选择快捷菜单中的"内容识别填充"命令，即可打开相应的对话框。需要注意的是，在创建选区时一定要把目标周围的区域一同勾画入选区，这样才会有可以识别的内容。

内容识别填充参数设置

对话框左侧工具栏中的"取样画笔工具" 用于手动绘制取样区域，"套索工具" 用于编辑填充区域。右侧"内容识别填充"参数区用于设置各类参数，如图2-34所示。

- 取样区域叠加：用于设置取样区域的属性，如"显示取样区域""不透明度""颜色"等。
- 取样区域选项：可以设置"自动"(系统自动添加取样区域)、"矩形"(整个矩形画布)、"自定"(手动绘制取样区域)3种取样方式。
- 填充设置：用于设置填充适应类型，包括"颜色适应"和"旋转适应"。
- 输出设置：用于设置内容识别填充后的效果最终输出到"当前图层""新建图层"或"复制图层"。

图2-34 "内容识别填充"参数

PS小贴士

执行菜单"编辑">"填充"命令，打开"填充"对话框，在"内容"下拉列表中选择"内容识别"选项，单击"确定"按钮，也可以自动将图像中选区的部分进行识别填充，不需要设置参数，就可以使其自然融合到周围的环境图像中，如图2-35所示。

图2-35 选择"内容识别"选项

2.2.10 内容识别缩放

当用户需要改变图片的大小和尺寸时，常用的方法就是"裁剪"和"缩放"，"裁剪工具"可以按照一定的区域裁剪画面，但也可能会裁掉一些需要的元素，而直接拉伸图片，会使图片变形，失去真实性。

Photoshop中的"内容识别缩放"功能，可以很好地解决这个问题。"内容识别缩放"可以保护选区中的图像不受拉伸或者压缩变形的影响，"相对无损"则改变背景的大小或图像的尺寸。

PS小贴士

　　"内容识别缩放"是Photoshop中非常实用的一种功能，对于多媒体的各种画幅大小不一的情况，除了传统相机画幅中的16∶9和4∶3外，还出现了很多诸如2.35∶1、7∶5、1∶1等特殊尺寸的画幅，针对这种情况，使用"内容识别缩放"命令就可以在保留图片主体不变的情况下轻松改变图像的尺寸。

2.2.11　操控变形

　　用户在选择人物或动物等素材调整画面动作时，往往需要对某些位置进行变形调整，而Photoshop中的"操控变形"命令，可以满足用户的这个需求，将人物或动物的肢体进行调整，以制作想要的动作效果。执行菜单"编辑">"操控变形"命令，就可以在图像中设置控制点来操控变形。图2-36为操控变形效果。

图2-36　操控变形效果

　　"操控变形"命令不能应用于背景图层的图像，在使用时，可以先复制背景图层或者将需要变形的画面选取并复制到新的图层，以便进行操控。"操控变形"命令的属性栏如图2-37所示。

图2-37　操控变形属性栏

实例2-3　使用操控变形命令调整动作变形

操作步骤　　实例视频

2.2.12　透视变形

　　摄影师在使用广角镜头拍摄建筑物等景物的时候，往往因为镜头问题，使拍摄的景物出现透视畸变的现象，在摄影后期，就可以使用Photoshop中的"透视变形"命令快速调整建筑的这种畸变，将透视效果恢复到正常角度。

实例2-4　使用透视变形命令调整照片透视角度

操作步骤　　实例视频

▌2.3　辅助工具

　　Photoshop中提供了一些常用的辅助工具，可以使用户在平面设计时更为方便，提高工作效率。常用的辅助工具主要有标尺、参考线和网格。

2.3.1　标尺

　　执行菜单"视图">"标尺"命令或按快捷键Ctrl+R，即可在图像周围显示或隐藏标尺。标尺确定窗口中任意对象的大小和位置。用户可以根据需要自定义标尺的属性，执行菜单"编辑">"首选项">"单位与标尺"命令，打开"首选项"对话框中的"单位与标尺"面板，即可设置标尺的"单位"和"列尺寸"等参数，如图2-38和图2-39所示。

图2-38 在图像中显示标尺

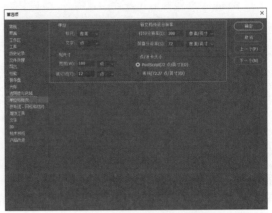

图2-39 "单位与标尺"面板

默认情况下，图像窗口内的左上角位置作为标尺的原点(0,0)，如果用户想要将标尺原点对齐到图像中的某一处，可以先将鼠标指针放置在原来的原点处，按住左键，向目标位置拖动，到达位置后松开鼠标，即可将标尺的原点设置到新的目标位置。双击图像标尺的左上顶角，可以还原标尺默认位置，如图2-40所示。

图2-40 改变标尺原点位置

2.3.2 参考线

参考线是辅助图像设计的一种能够显示在图像上但不能打印的直线，主要用于辅助对齐和定位对象。用户按住鼠标左键从图像边缘的标尺中向外拖动，即可拖出一条参考线。默认的参考线显示为蓝色直线，有垂直和水平两个方向。此外，执行菜单"视图">"新建参考线"命令，也可以通过输入数值的方式新建参考线，使用"移动工具"可以移动和删除参考线，如图2-41和图2-42所示。

图2-41 从网格中拖出参考线

图2-42 执行"新建参考线"命令创建参考线

PS小技巧

- 参考线只有图像显示标尺的情况下才能使用。
- 使用"移动工具"可以拖动参考线,改变参考线的位置。使用"移动工具",将参考线拖动至图像外部,就可以删除参考线了。
- 执行菜单"视图">"显示">"参考线"命令或按快捷键Ctrl+;可以隐藏或显示参考线。
- 执行菜单"视图">"锁定参考线"命令,可以对参考线进行锁定和解锁。

2.3.3 网格

网格由一些均匀分布的水平及垂直的直线或点组成,主要用于帮助用户绘制图像和对齐图像窗口中的对象。执行菜单"视图">"显示">"网格"命令或按快捷键Ctrl+',就可以显示与隐藏网格。与参考线一样,网格是不能被打印出来的,它只是绘图的辅助工具,如图2-43所示。

网格默认的颜色是灰色的,如果需要重新设置网格的颜色和间距等参数,可以通过执行菜单"编辑">"首选项">"参考线、网格和切片"命令,在打开的对话框中设置修改,如图2-44所示。

图2-43 图像上显示网格

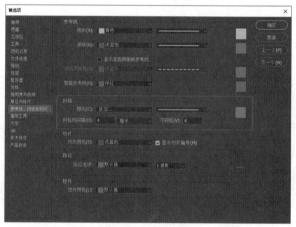

图2-44 自定义网格

2.4 常用快捷键

Photoshop中的功能众多。用户在操作使用时,如果能够熟悉一些常用功能的快捷键,会提高工作效率,节省操作时间。

1. "键盘快捷键"菜单

执行菜单"编辑">"键盘快捷键"命令,打开"键盘快捷键和菜单"对话框,将列出Photoshop中所有功能的快捷键,方便用户进行查找使用,如图2-45所示。

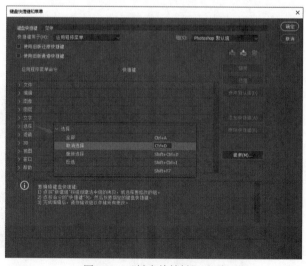

图2-45 "键盘快捷键"选项

2. "键盘快捷键和菜单"对话框参数设置

- 快捷键用于：该下拉列表中包括"应用程序菜单""面板菜单""工具"等选项，对应下面列出的不同菜单命令和快捷键。
- 组：可以切换是否使用Photoshop默认值。
- 使用旧版通道快捷键：可以切换成旧版Photoshop的通道快捷键。
- 双击文件快捷键，可以对快捷键设置进行更改，避免同时打开多个软件时造成的热键冲突。

3. 基本操作常用快捷键

用户在Photoshop基础操作中往往只需要记住一些菜单中常用的命令快捷键，配合界面中的工具箱、工具面板、属性栏等直观的工具命令，可以快速地完成图像效果的制作。表2-1中列举一些基本操作常用的命令快捷键，方便用户今后使用。

表2-1 基本操作常用的命令快捷键

编号	命令名称	快捷键
1	新建文件	Ctrl+N
2	打开文件	Ctrl+O
3	保存文件	Ctrl+S
4	关闭文件	Ctrl+W
5	自由变换	Ctrl+T(背景层无效)
6	移动图像(局部显示时有效)	空格
7	适合比例观看(图像)	Ctrl+0(零)
8	实际尺寸观看(图像)	Ctrl+Alt+0(零)
9	还原	Ctrl+Z
10	放大图像	Ctrl+ "+"
11	缩小图像	Ctrl+ "-"
12	拷贝	Ctrl+C
13	剪切	Ctrl+X
14	粘贴	Ctrl+V
15	屏幕显示模式切换	F
16	恢复	F12
17	填充	Backspace(退格键)
18	填充前景色	Alt+Backspace
19	填充背景色	Ctrl+Backspace
20	恢复默认的前景色和背景色	D
21	切换前景色和背景色	X
22	全屏显示	Tab
23	快速蒙版	Q
24	标尺	Crl+R
25	参考线	Crl+;
26	网格	Crl+'

2.5 拓展训练

实例2-5 使用裁剪工具调整数码照片
操作重点　实例视频

实例2-6 使用画布大小命令制作拍立得边框
操作重点　实例视频

第 3 章
选区的创建和编辑

选区是Photoshop中非常基础且重要的操作功能。本章重点讲解选区的创建和编辑应用，了解创建选区的几种常见工具。Photoshop中提供创建规则选区和不规则选区两大类工具，选框工具组创建的矩形、椭圆等选区是规则选区，套索工具组、快速选择工具组等创建的是不规则选区。"选择"菜单中还有专门针对选区的选取、编辑的操作命令，如色彩范围、选择并遮住、变换选区等。希望读者在学习完本章后，能够根据不同图像的抠图需求选择恰当的工具，完美地创建选区进行设计。

■ 知识点导读：
- 选区的概念和意义
- 创建规则选区的工具命令和操作方法
- 创建不规则选区的常用工具组和命令菜单
- 选区的编辑操作
- 抠选毛发的"选择并遮住"命令的使用技巧

3.1 了解选区

3.1.1 什么是选区

选区是指通过一定的工具或命令在图像上创建的隔离于其他部分的选取范围。创建选区后，其形状显示为一条封闭的蚂蚁线，选区范围可以将内部的区域隔离，此时所有的操作(如复制、粘贴、移动、调色等)都只能对选区范围内的图像执行，选区以外不变，如图3-1所示。

创建选区的时候，用户须注意选区的绘制主要是以位图图像为基础的，如果在Photoshop中使用矢量工具(如钢笔工具、形状工具等)绘制的路径(或矢量图形)，也必须转换成选区(或栅格化)，才能对其中的像素进行编辑操作。

图3-1 复制和粘贴选区内容

3.1.2 创建选区的常见方法和命令

Photoshop中有很多可以创建选区的工具，这些工具大致可以分为两类：一种是创建规则选区的工具，如"矩形选框工具""椭圆选框工具"等；另一种是创建不规则选区的工具，如"多边形套索工具""魔棒工具""快速选择工具"等。这些工具包括选框工具组、套索工具组、魔棒工具组、快速蒙版，以及"选择"菜单中的"色彩范围""焦点区域""主体""天空"等命令，利用它们可以非常快速地创建选区，如图3-2和图3-3所示。

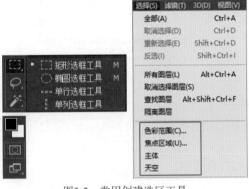

图3-2 常用创建选区工具

图3-3 使用"主体"命令一键创建选区

PS小讲堂

　　Photoshop中还有一些可以转换成选区的工具和命令。例如，创建矢量图形的钢笔工具、形状工具，创建的路径可以转换成选区使用；文字蒙版工具可以直接创建快速蒙版类型的文字，设置完成后直接生成选区；"通道"面板也可以通过存储Alpha通道的形式绘制和存储选区。

3.2 创建规则选区

　　Photoshop中创建规则选区的工具主要是选框工具组，长按该工具组，可以弹出子选项，包括"矩形选框工具""椭圆选框工具""单行选框工具"和"单列选框工具"。这些工具可以绘制规则的矩形、正方形、椭圆、圆形及宽度为1像素的线形选区。

3.2.1 创建矩形和正方形选区

1. 创建矩形选区

　　选择"矩形选框工具"，按住鼠标左键向对角线方向拖动，就会出现一个矩形选区，松开鼠标按键，可以完成选区创建，如图3-4所示。

PS小贴士

● 在创建选区过程中，按住空格键可以移动正在创建选区的位置，松开空格键可以继续创建。
● 选区创建完毕，将鼠标放在选区内可以移动已创建的选区。
● 选区创建完毕，使用鼠标单击选区外侧可以取消选区。

2. 创建正方形选区

　　按住Shift键，使用"矩形选框工具"即可创建正方形选区，如图3-5所示。

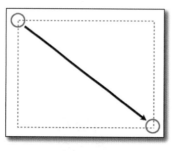

图3-4　创建矩形选区

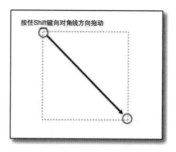

图3-5　创建正方形选区

PS小贴士

- 按住Alt键可以创建从中心点出发的选区。
- 同时按住Shift+Alt键可以创建从中心出发的正方形选区。
- 在选区创建完成后，先松开鼠标按键，再松开快捷键。

3.2.2　创建椭圆和圆形选区

使用"椭圆选框工具"创建椭圆和圆形选区的方法与"矩形选框工具"一样，都是按住鼠标左键向对角线方向拖动，按住Shift键会形成正圆形的选区，松开鼠标按键即可完成创建，如图3-6和图3-7所示。

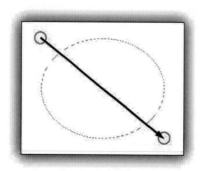

图3-6　创建椭圆形选区

图3-7　创建圆形选区

PS小贴士

创建椭圆形选区和正圆形选区，操作技巧与矩形选区一样，按住Alt键时创建，可以创建从中心点出发的椭圆形选区，同时按住Shift和Alt键可以创建从中心点出发的正圆形选区。

3.2.3　创建单行和单列选区

在选框工具组中，"单行选框工具"和"单列选框工具"可以创建宽度为1像素的水平或竖直的线形选区，这两种选区工具可以方便地选择1像素的行和列。创建方法比较简单，只需要选择"单行选框工具"或"单列选框工具"，在图像中选择确定的位置后单击，即可创建一个单行或单列选区，如图3-8和图3-9所示。

图3-8　单行选区

图3-9　单列选区

PS小贴士

- 单行/单列选区只能执行菜单"选择">"取消选择"命令或按快捷键Ctrl+D取消选区。
- 使用"单行/单列选框工具"创建选区时，"羽化"值只能设置为0。

3.2.4　选框工具的属性栏

通过选框工具的属性栏可以对其具体操作选项进行编辑，功能如图3-10所示。

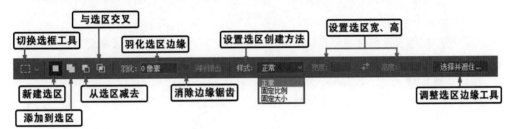

图3-10　矩形选框工具属性栏

3.3　创建不规则选区

3.3.1　套索工具组

Photoshop中的套索工具组分为"套索工具""多边形套索工具"和"磁性套索工具"，如图3-11所示。用户可以使用快捷键Shift+L切换这3个工具。其属性栏设置如图3-12所示。

图3-11　套索工具组

图3-12　套索工具属性栏

- 套索工具：通过手绘的方式获得自由选区，常用于绘制大范围的选区，如图3-13所示。
- 多边形套索工具：通过直线绘制的方式获得选区，适用于线条简单的选区，如图3-14
所示。

图3-13 使用"套索工具"绘制自由选区

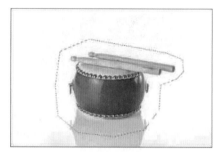

图3-14 使用"多边形套索工具"绘制选区

- 磁性套索工具：根据图像的颜色信息自动建立类似有磁性跟踪控制点的选区，适用于线条
颜色分明的选区，但也经常因图像颜色不够清晰而建立错误的控制点，如图3-15所示。

PS小贴士

- 按Backspace(退格)键可以在套索工具创建选区错误时向后退回。
- 按住Ctrl键单击正在创建的选区可立即结束创建。
- 对图像的精细部分创建选区时，按快捷键Ctrl+"+"放大图像，再局部绘制；绘制选区
时，可以按住空格键移动图像。
- 在新建选区模式下，按住Shift键可以变为"添加到选区"，按住Alt键可以变为"从选
区减去"，同时按住Shift+Alt键可以变为"与选区交叉"，此时可以创建各种特殊形状
的规则选区。
- 创建选区并右击，可以弹出专用于编辑选区的菜单，如图3-16所示。

图3-15 使用"磁性套索工具"创建选区

图3-16 编辑选区快捷菜单

3.3.2 魔棒工具

"魔棒工具"用于快速选择特定颜色或在颜色容差值范围内的所有像素，使用时只需要在需
要拾取颜色信息的画面上单击，即可将周围颜色相近的图像一并选取，适用于拾取色调简单或者
画面比较干净的图像内容，其属性栏如图3-17所示。

图3-17 魔棒工具属性栏

魔棒工具参数设置

- 取样大小：用于控制建立选区的取样点大小，取样点越大，创建的颜色选区就越大，反之就越小，可以设置随机取样点或固定参数的取样点，如图3-18所示。
- 容差：用于设定将要选择的选区颜色范围与所选像素的颜色差异度，容差值越小，所选的选区范围就越小；反之，容差值越大，所选的选区范围就越大，如图3-19所示。

图3-18　魔棒工具"取样大小"设置

图3-19　同一位置采样容差值不同时的选区

- 连续：用于选择与取样点相连接的颜色区域。
- 对所有图层取样：适用于当图像包含多个图层时，可以对所有可见图层进行颜色取样。

3.3.3　对象选择工具

"对象选择工具"位于魔棒工具组中，使用该工具可以选择模式为"矩形"或"自由套索形状"，将选中的主体部分自动识别并选取，实现最快速度地智能选择对象。选择"对象选择工具"，其属性设置如图3-20所示。

图3-20　对象选择工具属性栏

"对象选择工具"有两种绘制选区的模式：一种是绘制矩形选区，另一种是绘制自由选区。属性栏中的"选择主体"命令，与"选择"菜单中的"主体"命令一样，不需要创建选区，就可以自动分析图像中颜色区分明显的主体元素，将其建立选区。使用"对象选择工具"的具体操作如图3-21所示。

图3-21　使用"对象选择工具"的两种模式建立选区

3.3.4　快速选择工具

"快速选择工具"和"魔棒工具"同属一个工具组，其建立选区的方式与魔棒相似，都是通过对颜色的识别建立选区，但使用方法有所不同。"快速选择工具"的光标以圆形笔尖形式呈现，其笔尖调整方法与"画笔工具"一致，如图3-22所示。

"快速选择工具"默认选择方式是"添加到选区"。用户可以采用涂抹的形式绘制选区，按住Alt键可以将模式转换为"从选区减去"，可以快速地将多余选区减去，如图3-23所示。

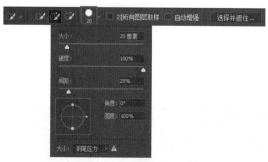

图3-22　快速选择工具属性栏及笔刷调整设置

图3-23　使用"快速选择工具"添加选区和减少选区

PS小贴士

　　"快速选择工具"的笔刷大小可以使用快捷键"【"　"】"来调节，按"【"键可使笔头不断减小，按"】"可使笔头不断增大。

3.3.5　色彩范围

实例3-2　抠选人物

操作步骤　　实例视频

　　Photoshop中的"色彩范围"命令，可以根据图像的取样颜色创建选区，功能类似于"魔棒工具"。执行"选择">"色彩范围"命令，打开"色彩范围"对话框，如图3-24所示。

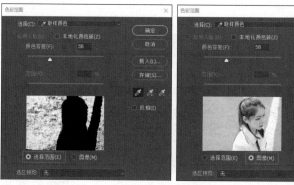

图3-24　"选择范围"模式显示和"图像"模式显示

色彩范围参数设置

● 选择：用于设置创建选区的方式，包括取样颜色、高光、阴影等选项，如图3-25所示。

图3-25　"选择"设置类型和"高光"选择类型选取范围

- 颜色容差：用于设置被选颜色的范围。颜色容差值越小所选范围就越小，颜色容差值越大所选范围就越大，当选择固定颜色类型时此项无效，如图3-26所示。

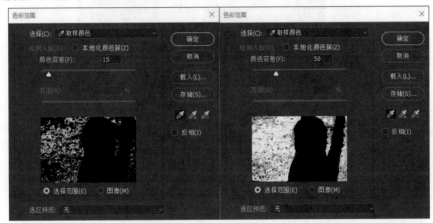

图3-26 颜色容差值为15和50时的选择范围

- 选择范围/图像：用于设置预览框中的显示模式是黑白效果还是原图效果。
- 选区预览：用于控制预览图像显示效果，其中包括无、灰度、黑色杂边、白色杂边和快速蒙版模式，用户可以通过切换预览效果观察选区的细节。

3.3.6 主体和天空

"选择"菜单中的"主体"和"天空"命令，可以智能识别图像中的主体和天空元素，一键建立选区。执行菜单"选择">"主体"/"天空"命令，就可以快速地将图像中的主体和天空选取出来，如图3-27所示。

图3-27 选择"主体"和选择"天空"

3.3.7 快速蒙版

"快速蒙版"是一种可以将选区转换为特殊蒙版的工具，位于工具箱的底部。用户可以单击该工具按钮▣或按快捷键Q将选区转换为快速蒙版模式，选区以外部分将被半透明的红色部分遮住，此时可以使用画笔、滤镜、钢笔等工具对选区范围进行编辑，手动绘制的模式让选区的编辑更为自由、方便，如图3-28所示。

当进入快速蒙版模式后，用户可以使用"黑、白"颜色的画笔工具，在快速蒙版中添加或减少蒙版以外的区域(即选区)，可以使用滤镜设置选区边缘，也可以使用选区工具继续绘制选区，还可以使用快捷键Ctrl+T对蒙版以外的区域进行自由变形调整，如图3-29所示。

图3-28   "快速蒙版"在工具箱中的位置及显示模式

图3-29   绘制或调整快速蒙版中的选区

双击"快速蒙版"按钮,打开"快速蒙版选项"对话框,如图3-30所示。用户可以根据自己的操作需求重新修改快速蒙版,更改"颜色"和"不透明度"等参数,可以改变快速蒙版的颜色等显示效果,如图3-31所示。

图3-30   "快速蒙版选项"对话框

图3-31   改变快速蒙版选项参数效果

3.4   编辑选区

图像的选区创建完成后,需要对其编辑才能逐步实现最终的设计效果,从"编辑"菜单、"选择"菜单和选区工具的快捷菜单中都可以选择编辑选区的命令。

3.4.1   选择并遮住

"选择并遮住"命令的前身是Photoshop的"调整边缘"命令,执行该命令,可以重复多次在命令对话框中调整选区边缘,用户可以在对话框中重新绘制选区、调整边缘、使用画笔工具和套索工具等进行选区的二次绘制,还可以对选区进行平滑、羽化、收缩、扩展等编辑操作。对于带有人物和动物的毛发边缘等难以选取的选区能够实现更为细致的抠图。图3-32为"选择并遮住"对话框。图3-33为对话框左侧提供的工具。

图3-32 "选择并遮住"对话框

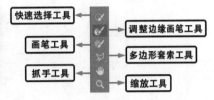

图3-33 "选择并遮住"对话框左侧的工具

选择并遮住参数设置

- 视图模式：用于设置选区在预览图像中的显示模式，通常根据用户的工作习惯使用一种显示模式，如图3-34所示。
- 显示边缘：可以显示按半径定义的调整区域。
- 显示原稿：可以查看原始选区。
- 高品质预览：可以呈现高品质预览效果。
- 半径：显示边缘调整区域的大小。
- 智能半径：使半径自动适应图像边缘。
- 平滑：平滑锯齿状边缘。
- 羽化：柔化选区边缘，羽化值越大，选区边缘的柔化程度越大，如图3-35所示。
- 对比度：增加选区边缘的对比度。
- 移动边缘：收缩或扩展选区边缘。

图3-34 视图模式

图3-35 不同羽化值的效果

PS小讲堂

使用"选择并遮住"命令，可以对人物和动物的毛发边缘进行选取。

先对人物建立选区，毛发的部分要全部选进去。进入对话框后，使用"调整边缘画笔工具"对毛发边缘进行刷涂，笔尖的直径大小调至毛发边缘的宽度，可以快速将毛发边缘选取出来，有些刷漏的地方，可以按住Alt键将其刷涂回来。

有些颜色差别较小的地方不容易被选取，可以结合其中的"快速选择工具"和"多边形套索工具"等配合选取。具体操作如图3-36所示。

图3-36　使用"选择并遮住"命令选取人物的发丝

3.4.2　拷贝、剪切、粘贴选区

在"编辑"菜单中，可以看到对选区的"剪切""拷贝""合并拷贝""粘贴""选择性粘贴""清除"等命令，能够完成对选区内像素的复制粘贴等操作，如图3-37所示。

● 剪切：将选区内的画面原位剪切至剪贴板，选区内用背景色填充，如图3-38所示。

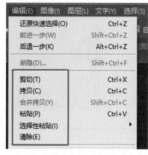

图3-37　选区编辑命令

图3-38　原图和剪切选区内容

● 拷贝：将选区内的画面原位复制至剪贴板。

● 合并拷贝：将两个或两个以上的图层合并复制到一个图层，以免打乱排版。

● 粘贴：将剪贴板内的图像粘贴至新位置。

● 选择性粘贴：适用于目标素材中有选区的情况。

　• 粘贴且不使用任何格式：用于在Photoshop内部进行文本的复制与粘贴操作，该操作只粘贴文本内容，而没有它原有的格式。

　• 原位粘贴：将复制的图像粘贴到原来所在的位置。

　• 贴入：将复制的图像粘贴到选区以内的位置，粘贴入的图像以图层蒙版形式显示，如图3-39所示。

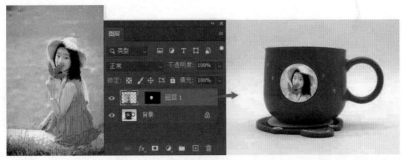

图3-39　选择性粘贴的"贴入"

- 外部粘贴：将复制的图像粘贴到选区以外的位置，其图层蒙版与上一种效果相反，如图3-40所示，将人物图像全选并复制，执行"外部粘贴"命令，将其粘贴到杯子商标的选区外。

图3-40　"外部粘贴"图像

- 清除：清除选区内的图像。

3.4.3　填充选区

创建选区后，可以通过"填充"命令为选区添加前景色、背景色、图案、历史记录等。执行菜单"编辑">"填充"命令或按快捷键Backspace，打开"填充"对话框，如图3-41所示。

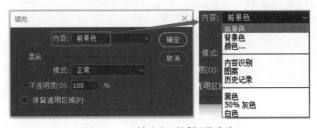

图3-41　"填充"对话框及内容

填充参数设置

- 内容：用于设置填充的内容，包括"前景色""颜色""图案"等9种类型，如图3-42所示。
- 模式：包括"正常""溶解""正片叠底"等29种混合模式，用于设置填充的内容与原图的混合方式，效果同图层混合模式(参见第6章图层的编辑与应用)。
- 不透明度：用于设置填充内容的不透明度。
- 保留透明区域：用于确保透明区域不被填充。

图3-42　填充"内容"的类型

3.4.4　描边选区

创建选区后，通过"描边"命令可为选区添加一定宽度的描边效果，按照选区位置可以建立居内、居中或居外的描边，"描边"对话框如图3-43所示。

描边参数设置

- 宽度：用于设置描边的宽度，单位是像素。
- 颜色：用于设置描边的颜色，单击色块，可以打开拾色器对话框设置颜色。
- 位置：用于设置描边在选区的位置，如图3-44所示。

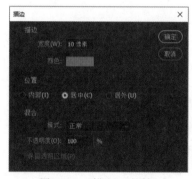

图3-43　"描边"对话框　　　　　　图3-44　"内部""居中""居外"描边

- 模式：用于设置描边颜色与原图的颜色混合模式，具体有正常、溶解、正片叠底等。
- 不透明度：用于设置描边颜色的不透明度。

3.4.5　羽化选区

使用"羽化"命令，可以对选区边缘进行柔化处理，对选取内容进行编辑时，边缘会得到模糊效果。创建选区后，执行菜单"选择">"修改">"羽化"命令，打开"羽化选区"对话框，如图3-45所示。

- 羽化半径：用于设置选区边缘的柔化程度，值越大边缘越柔和，如图3-46和图3-47所示。

羽化选区	×
羽化半径(R): 10 像素	确定
□ 应用画布边界的效果	取消

图3-45 "羽化选区"对话框　图3-46 羽化20像素的选区和填充效果　图3-47 羽化50像素的选区和填充效果

3.4.6 变换选区与自由变换

在Photoshop中，"变换选区"与"自由变换"命令有所不同，前者是针对选区的形状进行变换，后者是针对选区内的图像进行形状变换。

1.变换选区

"变换选区"命令是指可以直接改变创建选区的蚂蚁线形状而不会对选区内的图像内容进行变换。具体操作是：使用选区工具在图像中创建选区后，执行菜单"选择">"变换选区"命令，此时会调出选区变换框，通过拖动控制点即可对创建的选区进行变换，再执行菜单"编辑">"变换"命令或者在变换框中右击，在快捷菜单中选择具体的变换样式，用户可以先选择"自由变换""缩放""旋转""斜切""透视"等选项，再拖动变换控制点，即可改变选区的形状，如图3-48和图3-49所示。

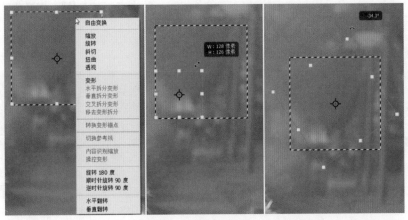

图3-48 变换选项、"缩放"选区、"旋转"选区

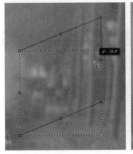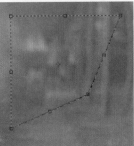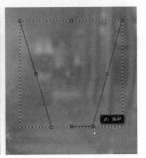

图3-49 斜切、扭曲、透视

使用"变换选区"命令对选区操作时，其属性栏可以对选区的位置、缩放比例、角度等形状进行参数设置，如图3-50所示。

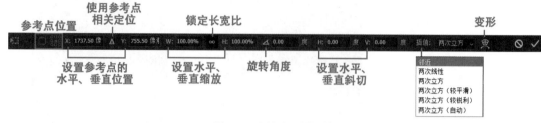

图3-50 变换选区属性栏

2. 变换选区属性栏参数设置

- 参考点位置：用于设置变换与变形的中心点。勾选该复选框，可以显示和移动变换的中心点，如图3-51所示。
- 使用参考点相关定位：启用该按钮，X、Y位置参数变为相对数值，原始参数变为0。
- 插值：指图像重新分布像素时所用的运算方法，在重新取样时，Photoshop会使用多种复杂的方法保留原始图像的品质和细节。
- 变形：用于切换变形和变换的开关，打开变形以后，变换框的4个控制点会增加控制柄，调整控制柄可以进行任意角度变形，如图3-52所示。

3. 自由变换

自由变换(按快捷键Ctrl+T)是指可以改变创建选区内图像的形状，其使用方式与"变换选区"一样。在图像中创建选区后，执行菜单"编辑">"自由变换"命令或按快捷键Ctrl+T调出自由变换框，在弹出的快捷菜单中可以选择具体的变换样式，选择"旋转"与"透视"命令后，如图3-53所示。其属性栏设置与"变换选区"命令相同，单击变形按钮 ，切换为变形界面，其属性设置如图3-54所示。

图3-51 开启参考点位置　图3-52 变换选区中的"变形"　　图3-53 自由变换"旋转"与"透视"

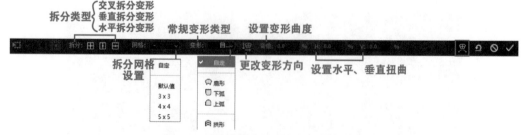

图3-54 自由变换中的"变形"属性设置

PS小讲堂

自由变换快捷键(变换选区与自由变换通用)如下。

- 等比例缩放：直接拖动变换框直角控制点。
- 自由缩放：按住Shift键，拖动控制点。
- 沿中心缩放：按住Alt键，拖动直角控制点。
- 旋转：将光标放在直角控制点外侧拖动。
- 扭曲(任意变形)：按住Ctrl键，拖动直角控制点。
- 平行变形：按住Ctrl键，拖动直线上的控制点。
- 斜切：按住Ctrl+Shift键，拖动直角控制点。
- 透视：按住Ctrl+Alt键，拖动直角控制点。

4.　"变形"属性栏中的参数设置

- 拆分类型：将选区内的画面进行十字交叉、垂直方向或者水平方向的拆分，创建的拆分线可以通过按键盘上的方向键移动画面，如图3-55所示。
- 拆分网格：将选区内的网格拆分成指定的比例。
- 变形：在该下拉列表中选择常规变形类型，包括"自定""扇形""下弧"等16种类型。
- 更改变形方向：单击该按钮，可切换水平扭曲方向和垂直扭曲方向。
- 设置变形曲度：用于设置"扇形""下弧"等曲度变形的曲度大小。
- 设置水平、垂直扭曲：用于设置变形扭曲的水平、垂直倾斜扭曲，如图3-56所示。

图3-55　创建拆分线

图3-56　"花冠"变形效果

3.4.7　扩大选取和选取相似

在Photoshop中可以通过"扩大选取"和"选取相似"命令对已有的选区再次进行设置。"扩大选取"命令可以将选区扩大到与当前选区相连的相同像素；"选取相似"命令可以将图像中与选区相同颜色的所有像素都添加到选区。对原选区分别执行菜单"选择">"扩大选取"和"选择">"选取相似"命令，如图3-57所示。

图3-57　"扩大选取"和"选取相似"

在使用"扩大选取"或"选取相似"命令时,选区范围的大小与选区工具属性栏中的"容差"设置相关,"容差"值越大,选区的选取范围就越大。

3.4.8 存储和载入选区

在创建一些复杂的选区时,往往需要花费大量的时间和精力,而某些操作上的失误则会让之前的操作不复存在,再次操作可能又需要重复花费时间和精力去做。因此,"选择"菜单中的"存储选区"和"载入选区"命令可以很好地解决这个问题。

1. 存储选区

"存储选区"是按照存储通道的方式将选区存储进来。只有对选区进行存储,才能在将其再次载入。用户创建选区后,执行菜单"选择">"存储选区"命令,打开"存储选区"对话框,可以在该对话框中输入想要保存的文档名称、通道、新建通道名称和具体的操作,如图3-58所示。

2. 载入选区

如果需要使用已经存储好的选区,可以执行菜单"选择">"载入选区"命令,打开"载入选区"对话框,将已经存储的选区调出使用,如图3-59所示。

图3-58 "存储选区"对话框   图3-59 "载入选区"对话框

在Photoshop中,除了通过"存储选区"对选区进行存储以外,还可以在"通道"面板中单击"将选区存储为通道"按钮 ,此时可以将选区存储到Alpha通道中,如图3-60所示。需要载入选区时,按住Ctrl键,单击Alpha通道的缩略图,即可将选区载入图像中。

图3-60 Alpha通道存储和载入选区

3.5　拓展训练

第4章

图像的色彩调整

色彩是能够引起人们共同的审美愉悦的形式要素之一，色彩的性质直接影响着人们的情感变化，丰富多样的色彩可以带给人们不同的视觉感受，从而引导人们的意识行为。因此，在设计中对图像色彩的调整和搭配有较好的把握，能给设计加分。自然界中的色彩是接受光的照射后在人眼中的实际反映。虽然我们看到的色彩有很多种，但实际上都是由红、绿、蓝这3种颜色组合而成的，当这3种颜色以不同的波长混合出现的时候，人类便可以通过眼睛来接收颜色的信息。在设计中，Photoshop可以运用多种调色方法，对颜色的色相、明度、饱和度、色温等参数进行调节，最终达到设计师满意的效果。本章主要讲解数字图像色彩方面的基本原理、调色工具及参数调整技巧，使读者在实际工作中可以灵活运用色彩为设计增色。

■ 知识点导读：
- 色彩的基本原理及常用的配色方案
- Photoshop常用调色工具
- 快速调整图像的色调和风格
- 图像色调的基础调整
- 特殊色调效果调整方法和技巧

4.1 色彩的基本原理

当用户在使用Photoshop调整色彩时，首先要了解什么是色彩及色彩的特性，因此有必要对色彩的基本原理进行简单了解，这样可以帮助用户更好地搭配和选择合适的颜色。

4.1.1 色彩的组成

自然界的太阳光是我们获得色彩的主要来源，通过三棱镜的折射，我们可以看到其主要由红、橙、黄、绿、青、蓝、紫7种颜色光构成，经过光线的混合叠加表现出丰富多彩的颜色。

色轮是研究颜色相加混合的一种实验仪器。对于初学Photoshop的用户来说，通过色轮可以快速地厘清色彩搭配的问题，可以通过色轮判断一个颜色分量与其他颜色之间的关系，颜色的搭配是否协调，以及如何在RGB和CMYK颜色模式之间切换。图4-1为标准色轮模型。图4-2为24色色轮。

在标准色轮中，处于相对位置的颜色称为互补色，通过增加色轮中某一颜色的数量，可减少图像中其相反颜色的数量。通过改变色轮中两种相邻的颜色，或者将两种相邻色调整为与其相反的颜色，则能够增加或减少一种颜色。例如，在RGB图像中，通过减少红色数量或增加其互补色(青色)的数量来降低红色；在CMYK图像中，也可以通过减少洋红和黄色增加青色的数量并减少红色。

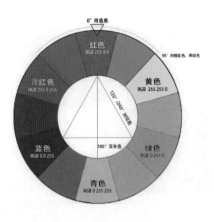

图4-1 标准色轮模型

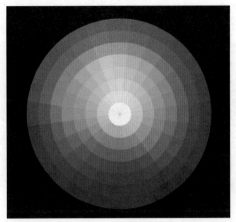

图4-2 24色色轮

PS小讲堂

在进行颜色的组合与构成前，先了解几个名词：基色、混合色、结果色，以帮助我们更好地理解和灵活掌握颜色的基本原理。

- 基色：图像中原稿的颜色。
- 混合色：通过叠加的图案，或者绘画、编辑工具应用的颜色。
- 结果色："基色"与"混合色"是按某种模式混合后得到的颜色。

4.1.2 色彩构成三要素

色彩的构成要素包括色相、饱和度及明度，人们看到的彩色光都是由这三个要素共同作用的结果，其中色相与光的波长有关，饱和度、明度与光波幅度有关。

1. 色相

色相即色彩的相貌，是色彩的外在表现，是区分色彩的主要特征。色相是由光线的光谱成分决定的，光谱中光的波长和频率决定了色相的不同。光谱中的色相表现出色彩的原始光，即我们常说的红、橙、黄、绿、青、蓝、紫，构成了色彩的基本色相，而色相的调整就是改变图像原有的颜色，如图4-3所示。

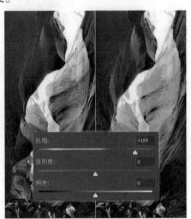

图4-3 增加色相值改变图像的颜色

2. 饱和度

饱和度是指色彩的纯度，即鲜艳程度。色彩的饱和度越高，色彩就越鲜艳，纯度越高；色彩的饱和度越低，色彩就越暗淡；当饱和度为0时，就变成了一幅灰色的图像。如图4-4为调整饱和度效果。

3. 明度

明度是指色彩的明暗程度，它是人眼对光源和物体表面明暗效果的感受。在色彩表现中，明度最高时为白色，明度最低时为黑色，中间区域为从亮到暗的过渡色彩。色相与饱和度则必须依赖一定的明暗效果才能显现，色彩一旦产生，就会体现出相应的明暗关系，如图4-5所示。

图4-4　调整饱和度以改变色彩的鲜艳度

图4-5　改变图像的明度产生的明暗变化

4.2　初识调色工具

4.2.1　调整菜单

Photoshop中有多种用于调色的工具和命令，如"图像"菜单中的"调整"菜单，以及"调整"面板中的调色命令，用户可以根据实际情况选择使用。图4-6为"图像"＞"调整"菜单中的调色命令，主要针对当前图层中的图像进行各种色调的处理。"调整"菜单中的命令与调整图层命令不同，这些命令直接作用于图像当前的图层中，使图层中的像素产生各种不同的色调变化。例如，直接对图像的背景图层使用"调整"菜单中的"照片滤镜"调整效果，就会使图像的颜色直接发生变化，而不会改变图层结构，如图4-7所示。

图4-6　"调整"菜单中的调色命令

图4-7　使用调整菜单命令调色前后图层不变

4.2.2　调整面板

在"调整"面板中添加调色命令，可以在图像中单独建立一个调整图层，同时"属性"面板中会显示这个调整工具的参数属性，便于用户调节和创建独立的图层蒙版，不会破坏原图的像素。图4-8为"调整"面板。图4-9为"色阶"命令的属性面板。

添加"调整"面板中的命令后，在图层中会创建一个调整图层，如创建一个"亮度/对比度"调整图层。在每个调整图层中，都包含一个图层蒙版。用户可以通过蒙版形式绘制调整区域，即使用黑白色调进行填涂，情况类似于快速蒙版。如图4-10所示，使用"亮度/对比度"调整图层，用黑白画笔擦涂图层蒙版中人物的面部范围，使人物面部提高亮度。

图4-8　"调整"面板

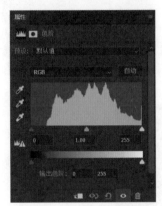

图4-9　"色阶"参数设置

图4-10　为人物皮肤提高亮度

4.2.3　颜色面板和色板

"颜色"面板中可以显示Photoshop当前的前景色和背景色的颜色信息，通过参数调整或输入颜色名称，可以很方便地查找到用户所需的颜色。单击"吸管"图标，可以在图像中快速拾取颜色信息，如图4-11所示。"色板"面板列出了图像处理中常用的几种颜色组别，便于用户分类查找颜色，图4-12为将RGB、CMYK和灰度颜色组打开后的色调效果。

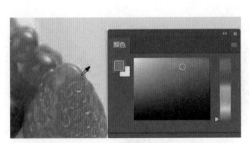

图4-11　"颜色"面板

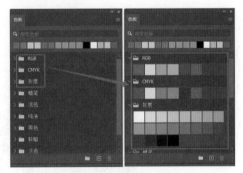

图4-12　"色板"面板

PS小贴士

图像中的色彩包括色相、饱和度及明度这三个要素，这是我们调色的主要内容。

● 色相：色相又称色调，是色彩的首要特征，是区分各种不同色彩最准确的标准之一。任何黑、白、灰以外的颜色都有色相的属性，而色相也就是由原色、间色和复色构成的。自然界中各个不同的色相是非常丰富的，如紫红、银灰、橙黄等。

- 饱和度：饱和度又称纯度，指色彩的鲜艳程度，受图像颜色中灰色的相对比例影响，黑、白和灰度色彩没有饱和度。当色彩达到最大饱和度时，其色相具有最纯的颜色。
- 明度：明度又称亮度，指色彩的明暗程度，色调相同的颜色，明暗可能不同，越接近黑色，明度越低；反之，越接近白色，明度越高。

4.3　快速调整图像的色调和风格

4.3.1　自动调整命令

Photoshop系统中预设了一些自动对图像的颜色、对比度等进行快速调整的命令，当图像需要进行简单微调的时候，就可以使用"图像"菜单中的自动色调、自动对比度、自动颜色等功能，如图4-13所示。

图4-13　自动调整命令效果

4.3.2　反相

"反相"命令是将图像的颜色转换成互补色，使图像呈现胶卷底片的效果，如图4-14所示。

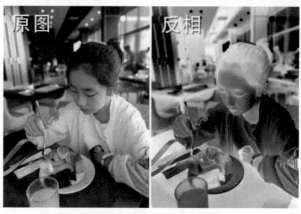

图4-14　"反相"命令效果

4.3.3　去色

"去色"命令可以将彩色图像快速去掉颜色，转换成灰度图像。执行菜单"图像">"调整">"去色"命令，或按快捷键Ctrl+Shift+U，图像会快速去色转换为灰度图像，如图4-15所示。

图4-15　"去色"命令效果

4.3.4　色调均化

"色调均化"命令可以一键操作平均化黑白灰影调，使图像中的像素影调均匀分布，适合处理影调灰暗或分布不均衡的图像，执行菜单"图像">"调整">"色调均化"命令，效果如图4-16所示。

图4-16　"色调均化"命令效果

使用"椭圆选框工具"在图像中建立一个椭圆形选区，然后执行菜单"图像">"调整">"色调均化"命令，打开"色调均化"对话框。用户可以选择"仅色调均化所选区域"或"基于所选区域色调均化整个图像"，以决定是否在选区内实现色调均化效果，如图4-17和图4-18所示。

图4-17　"色调均化"对话框　　　　图4-18　选区内色调均化和整个图像色调均化

4.4 图像色调的基础调整

在对数码照片初步进行调整时，一般需要对其亮度、对比度、色彩饱和度、曝光度、阴影、色彩等参数具体调整，目的是弥补拍摄效果的不足。Photoshop中有一系列常用的基础调整命令，用于对图像的色调进行各种方式的调整。用户可以根据需要及使用习惯选择常用的命令来实现令人满意的效果，非常适合初学者操作使用。

4.4.1 亮度/对比度

"亮度/对比度"命令可以对整个图像的色调区域进行色彩亮度和色彩对比差的调节，其参数设置比较简单，只有"亮度"和"对比度"两个滑块进行调节，"亮度"可以调整整个画面的明暗细节，如图4-19所示。"对比度"可以调整图像的颜色对比效果，增加"对比度"数值可以突出画面的细节，但增加过大，会使画面失真，如图4-20所示。

图4-19 "亮度"设置为40的效果

图4-20 不同对比度的效果

执行菜单"图像">"调整">"亮度/对比度"命令，打开"亮度/对比度"对话框，如图4-21所示。对于经常使用Photoshop的老用户来说，勾选"使用旧版"复选框，可以实现Photoshop CS3版本以前的效果。如图4-22所示，相同参数下旧版的"亮度/对比度"效果要更明显一些。

图4-21 "亮度/对比度"对话框

图4-22 设置亮度/对比度效果

4.4.2 曲线

"曲线"也是一个专门用于调整图像色调和颜色的命令，它使用调节曲线或绘制曲线的方法，调节图像的色彩、明暗和对比度，使图像具有更加丰富的效果。执行菜单"图像">"调整">"曲线"命令或按快捷键Ctrl+M，打开"曲线"对话框，如图4-23所示。

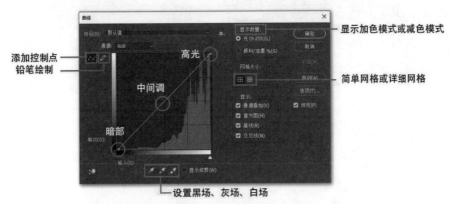

图4-23 "曲线"对话框

曲线参数设置

● 预设：系统提供了一些预设的曲线效果，可以得到很多特殊效果，如图4-24和图4-25所示。

图4-24 曲线预设类型

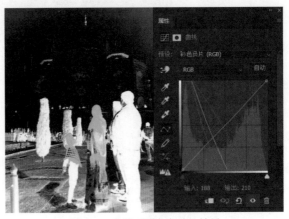

图4-25 曲线"彩色负片"效果

● 通道：可以分别对红、绿、蓝3个通道单独进行曲线设置。

● 添加控制点：编辑点以修改曲线。

PS小讲堂

　　用户直接在曲线上单击可以增加控制点，按住控制点可以调节曲线的曲度，曲线偏离原直线上方增加亮度，曲线偏离原直线下方变暗，曲度差值越大，对比度越明显。单击控制点，呈实心点状，按键盘上的Delete键可以删除多余的控制点。设计中通常利用曲线制作金属、水晶等反差明显的效果，如图4-26所示。

图4-26　编辑曲线

- 铅笔绘制：通过绘制来修改曲线。用户可以用手绘的方式来设定曲线效果，如图4-27所示。

图4-27　手绘曲线得到高反差效果

- 高光：拖动曲线的最高控制点可以调整图像的高光范围。
- 中间调：添加和调节曲线中的控制点可以调整图像的中间色调。
- 阴影：拖动曲线的最低控制点可以改变图像的最暗值范围。
- 网格大小：可以在直方图中显示不同的网格大小，默认为简单网格，指以25%的比例显示网格；另一种为详细网格，指以10%的比例显示网格，密度较大。

实例4-1　利用曲线调整逆光照片

操作步骤　　实例视频

4.4.3　色阶

　　色阶是表示图像明暗程度的指数标准，即色彩指数，在数字图像处理中，8位色RGB图像是用红、绿、蓝每个颜色的2^8(256)个阶度，即每个颜色的色阶指数范围为0～255。"色阶"命令通过对阶度值的调整达到校正色彩的明暗范围和颜色平衡的效果。用户可以从"色阶"的直方图中看到图像基本色调的直观参考值,通过拖动"阴影"滑块、"中间值"滑块和"高光"滑块调节图像的阴影、中间调和高光效果。执行菜单"图像">"调整">"色阶"命令或按快捷键Ctrl+L,打开"色阶"对话框,具体的参数设置如图4-28所示。

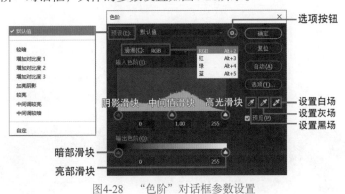

图4-28 "色阶"对话框参数设置

色阶参数设置

- 预设:系统设置好的预设参数,直接选择可以得到常见色阶设置效果。
- 通道:用于指定某一通道的色阶调整,如图4-29所示。

图4-29 "红通道""蓝通道"调整色阶值效果

- 预设选项:单击该按钮,在下拉列表中包括"存储预设""载入预设"和"删除当前预设"3种预设选项。
- 输入色阶:拖动滑块或在对应的参数框中输入数值,用于调整图像的阴影、中间调和高光范围。将"阴影"滑块向右拖动,即增加图像阴影范围;将"高光"滑块向左拖动,即增加图像高光范围;将"中间值"滑块向左或向右拖动,则使整个图像的色调偏暗或偏亮,如图4-30所示。

图4-30 输入色阶调整阴影、中间调和高光效果

- 输出色阶：拖动滑块或更改对应参数值，可以调整图像整体的亮度范围，将"暗部"滑块向右拖动可以使图像增加亮度，将"亮部"滑块向左拖动可以使图像变暗。
- 设置吸管：包括"设置白场""设置灰场"和"设置黑场"，用于吸取图像中的颜色作为调整后高光、中间调和阴影的颜色值。

PS小讲堂

使用"设置白场"吸管，可以一键调整图像中的白平衡。选择该吸管后，单击偏色图像中的基色为白色的区域，拾取该点像素，该处颜色立即校正成白色，将图像一键校准白平衡。同样，"设置黑场"吸管可以一键校准图像中的黑色部分，如图4-31所示。

图4-31　校正白平衡/黑平衡

4.4.4　曝光度

"曝光度"命令可对色调中曝光效果和灰度系数的数码照片进行调整，对高清数码照片能够轻松地实现曝光校正，对曝光过量或曝光不足效果的调整方法非常简单。执行菜单"图像">"调整">"曝光度"命令，打开"曝光度"对话框，如图4-32所示。

图4-32　"曝光度"对话框

曝光度参数设置

- 预设：除"默认值"和"自定"以外，还包括"减1.0""减2.0""加1.0"和"加2.0"4种预设效果，主要针对"曝光度"参数的调整效果。
- 曝光度：用于设置数码照片的曝光量，向左拖动滑块减少曝光量，向右拖动滑块增加曝光量。
- 位移：用于设置阴影和中间值的色调，不会影响高光颜色。
- 灰度系数校正：以函数计算的形式调整图像的灰度系数，效果如图4-33和图4-34所示。

图4-33　曝光不足照片调整效果

图4-34　曝光度调整参数

4.4.5 色相/饱和度

前面已经提到，色相、饱和度和明度是色彩的三要素，是设计师调色必备工具。"色相/饱和度"命令主要针对整个图像或图像中单个颜色的色相、饱和度、明度进行调整。执行菜单"图像"＞"调整"＞"色相/饱和度"命令或按快捷键Ctrl+U，打开"色相/饱和度"对话框，如图4-35所示。

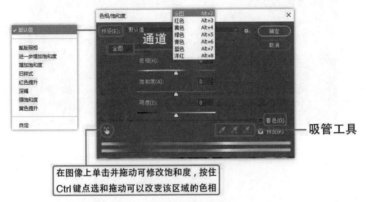

图4-35 "色相/饱和度"对话框

色相/饱和度参数设置

- 预设：系统预设色相/饱和度效果。图4-36为"氰版照相"效果。

图4-36 "氰版照相"效果

- 通道：选择调整的颜色通道范围，可以针对某一颜色通道进行调整，如图4-37所示。选择"绿色"通道进行调整，呈现出夏天浓郁的绿色感觉。

图4-37 调整"绿色"通道的色相/饱和度

- 色相：用于设置色彩的相貌，即通常所说的各种色彩，这里可以拖动"色相"滑块在图像中混入新的颜色。
- 饱和度：用于增加或减少像素颜色的纯度，将滑块向右拖动，像素颜色越纯，饱和度越大；反之将滑块向左拖动，饱和度越小，颜色越趋于黑白。

- 明度：用于设置图像色调的明暗程度，值最小时整个图像趋于黑色，值最大时为白色。
- 着色：取消勾选该复选框，可以将图像转变为单一色调，调整色相等参数可以改变单一色调效果，如图4-38所示。

图4-38 使图像呈单一色调

- ：单击该按钮，在图像上单击并拖动可拾取当前颜色并修改该通道饱和度；按住Ctrl键在图像中单击并拖动可以修改色相，如图4-39和图4-40所示。

图4-39 手动修改图像饱和度　　　　　　　图4-40 按Ctrl键手动修改图像色阶

PS小讲堂

　　"调整"菜单中"自然饱和度"命令的效果近似于"色相/饱和度"对话框中的"饱和度"效果，同样是可以调整图像的灰色到纯色饱和色调，用于修饰色彩不够艳丽的照片，或者专门调整出灰调和旧版照片效果，其调整效果更加自然，如图4-41和图4-42所示。

图4-41 "自然饱和度"对话框　　　　　　图4-42 "自然饱和度"调整效果

4.4.6 色彩平衡

"色彩平衡"是图像色彩处理中的一个重要工具，主要用于通过调整图像中的互补色来达到调色的目的，不仅可以校正图像的偏色问题，也可以调整图像的饱和度不足和过量问题。执行菜单"图像">"调整">"色彩平衡"命令或按快捷键Ctrl+B，打开"色彩平衡"对话框，如图4-43所示。图4-44为3组图像的色调平衡和色阶调节。

图4-43 "色彩平衡"对话框

色彩平衡参数设置

- 色彩平衡：通过在"色阶"对应的文本框中输入相应的参数值或拖动下面互补色的滑块来改变图像色彩。
- 色调平衡：可以选择在"阴影""中间调""高光"不同色调中调整色彩平衡。
- 保持明度：勾选该复选框，可以保持图像在调整过程中明度不变。

图4-44 "色彩平衡"调整中间调、阴影、高光的效果

4.4.7 照片滤镜

"照片滤镜"是专门为数码图像调整冷暖等常用色调的工具。用户可以根据滤镜中的预设选项选择不同的色调效果。执行菜单"图像">"调整">"照片滤镜"命令，打开"照片滤镜"对话框，如图4-45所示。

照片滤镜参数设置

- 滤镜：系统提供了不同的滤镜预设效果，可以设置不同效果的冷暖色调。

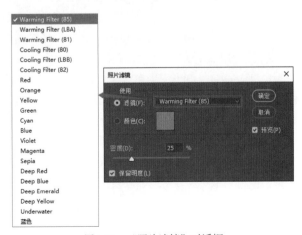

图4-45 "照片滤镜"对话框

- 颜色：选择该单选按钮，可以自定义颜色滤镜。
- 密度：用于调整添加的颜色滤镜的浓淡效果，数值越大，颜色越饱和，如图4-46所示。

图4-46 "照片滤镜"中的冷、暖调和自定义色调效果

4.4.8 颜色查找

"颜色查找"是Photoshop CS6版本之后增加的一项非常强大的功能，可以实现色彩的高级变化。系统为用户提供了20余款"颜色查找"的LUT调色模板，并且支持扩展LUT文件的使用。图4-47为3DLUT文件下拉列表。

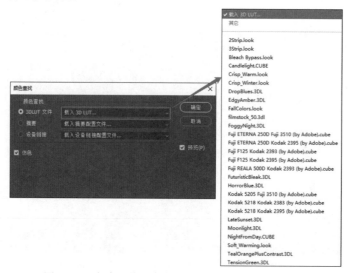

图4-47 "颜色查找"命令及默认3DLUT文件下拉列表

选择"3DLUT文件"单选按钮，可以安装外置的LUT调色文件，用于拓展LUT模板列表，但每次只能安装一个LUT文件。单击后面的下拉按钮■，会弹出3DLUT文件列表。默认列表选项和效果如图4-48所示。

LUT(lookup table)用于在数字中间片(指对不同的设备进行交互性颜色匹配)的调色过程中对显示器的颜色进行校正，模拟最终胶片的印刷效果达到调色的目的，在调色过程中，也可以直接作为一款电影级调色滤镜使用。网上有很多可以免费下载的LUT调色预设，支持Photoshop、After Effects、Premiere、Lightroom等多款软件，安装简单，使用起来更加方便，可以快速地制作出电影质感的画面效果。

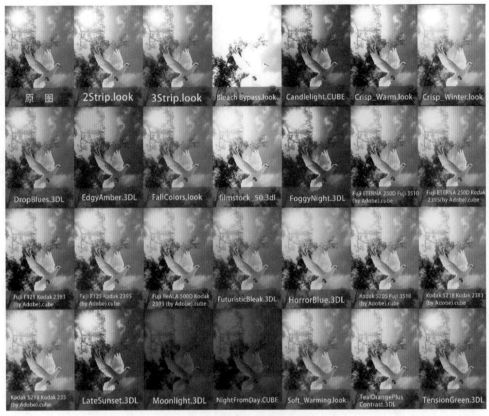

图4-48 3DLUT文件列表图示

4.4.9 色调分离

"色调分离"命令可以按照色阶数指定图像中通道的色调数目，将像素的颜色分离成其最接近的一种色调。色阶值越小，分离的色调数越少，颜色越单一；反之，色阶值越大，分离的色调数越多，颜色越丰富，如图4-49和图4-50所示。

图4-49 "色调分离"对话框

图4-50 不同"色阶"值的色调分离效果

4.4.10 阈值

"阈值"命令可以快速将彩色图像或灰度图像转换为高对比度黑白图像，常用作手绘或者涂鸦效果的设计。执行菜单"图像">"调整">"阈值"命令，打开"阈值"对话框，如图4-51所示。其中，"阈值色阶"参数用于设置图像转换为黑白图像的色阶范围，值越大，黑色范围越大；值越小，白色范围越大，如图4-52所示。

实例4-3 使用阈值打造人物头像标志

操作步骤　　实例视频

图4-51 "阈值"对话框

图4-52 "阈值色阶"值为136时的图像效果

4.4.11 渐变映射

"渐变映射"是使用渐变色彩将图像颜色进行混合填充，填充的色调根据渐变样式的色彩决定，如果渐变样式为双色渐变，则渐变映射后图像也是双色调效果，以此类推，如图4-53和图4-54所示。

图4-53 "渐变映射"对话框

图4-54 黑到白渐变映射呈现黑白效果

渐变映射参数设置

- 灰度映射所用的渐变：系统提供的渐变预设主要包括基础渐变(前景色到背景色、前景色到透明、黑到白渐变类型)、蓝色渐变类型、紫色渐变类型等12种渐变类别。
- 仿色：随机添加近似颜色用于平滑渐变填充，减少带宽效果。
- 反向：反转该渐变颜色的前后方向，图像产生颜色反转效果。

实例4-4 使用渐变映射调整风景照片

操作步骤　实例视频

4.4.12 可选颜色

"可选颜色"是通过调整通道中每种主要颜色及其互补色的数量,而不影响其他主要颜色的一种色调整命令。执行菜单"图像">"调整">"可选颜色"命令,打开"可选颜色"对话框,如图4-55所示。

可选颜色参数设置

- 颜色:指定图像中某一颜色的通道,可以调整其中混合的颜色及其补色的数量,实现可选颜色通道中青色、洋红、黄色及黑白明度的印刷数量的调整。图4-56为"青色"图像效果。
- 方法:指定调整颜色的方法。"相对"指根据颜色总量百分比进行颜色的调整,"绝对"可以对调整颜色色阶量的绝对值进行调整,效果较为明显。

图4-55 "可选颜色"对话框

图4-56 调整"青色"图像效果

4.5 图像的特殊效果调整

Photoshop中除了基础、简单的调整色调的命令以外,在平面设计时还有一些专业的调色工具可以对数码图像进行高级调整,以实现更多细致的色调调整。

4.5.1 黑白

"黑白"命令可以将彩色图像轻松转换为具有丰富细节的黑白图像,同时也可以将图像转换为某种色彩的单色图像,它与"去色"命令和"色相/饱和度"对话框中的"着色"复选框相比,能够体现更多的细节和效果,可以实现黑白摄影作品的各种高级处理。执行菜单"图像">"调整">"黑白"命令,打开"黑白"对话框,如图4-57所示。

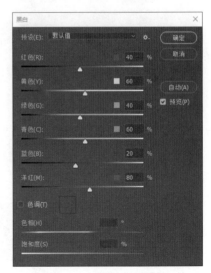

黑白参数设置

- 预设:系统提供了12种黑白图像的预设效果。
- 颜色:其中6种颜色选项可以调整黑白图像中不同颜色通道的色阶值。
- 色调:使黑白图像变成单色图像,颜色通过"色相"和"饱和度"来调整,如图4-58所示。

图4-57 "黑白"对话框

图4-58 "黑白"调整效果

4.5.2 通道混合器

"通道混合器"常用于对图像中的某种颜色通道进行调整，能够创建不同色调的彩色图像，也可以创建不同效果的黑白图像。执行菜单"图像">"调整">"通道混合器"命令，打开"通道混合器"对话框，如图4-59所示。

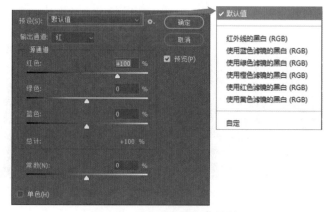

图4-59 "通道混合器"对话框

通道混合器参数设置

- 预设：系统提供6种黑白单色预设效果。
- 输出通道：可以选择"红""绿"和"蓝"3种颜色通道进行参数调整。
- 源通道：用于设置源通道中"红色""绿色""蓝色"3种颜色在输出通道中的百分比。如果输出通道为"红"，则源通道中红色值默认为100%，如果值大于100，图像整体偏红；如果值小于100，则图像整体偏青，如图4-60所示。

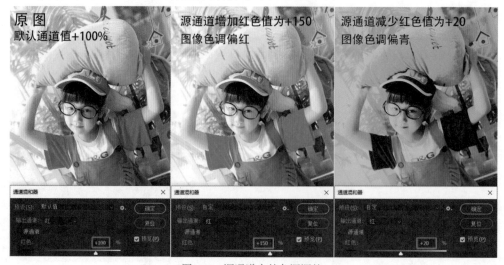

图4-60 源通道中的色调调整

- 总计：用于显示3个源通道中参数的总值。

- 常数：用于调整输出通道中的灰度值，值越大，该通道中颜色含量越多，通道白度增加；值越小，该通道中反相颜色含量越多，通道黑度增加，如图4-61所示。

图4-61 "常数"调整影响绿通道中的灰度值

- 单色：可以将图像转换为黑白效果。

4.5.3 阴影/高光

"阴影/高光"命令可以调整图像画面中的阴影和高光部分，有效解决照片的曝光不足或过量带来的细节丢失问题。执行菜单"图像">"调整">"阴影/高光"命令，打开"阴影/高光"对话框，如图4-62所示。勾选"显示更多选项"复选框，可以看到更多选项，如图4-63所示。

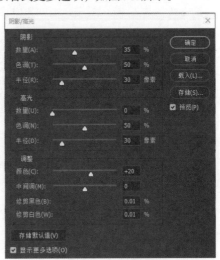

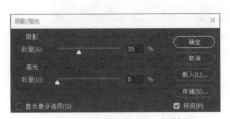

图4-62 "阴影/高光"对话框　　　　图4-63 显示更多选项

阴影/高光参数设置

- 阴影：用于调整图像中曝光不足的情况。"数量"值越大，图像亮度越大。
- 高光：用于调整图像曝光过度的情况，增加高光值可以提高图像高光处的对比度。
- 调整：用于调整图像中的明暗对比，中间调值越小，色调明暗对比降低，值越大，明暗对比越大。

实例4-6 使用阴影/高光命令调整图像曝光不足

操作步骤　　实例视频

● 显示更多选项：可以提供更多调整参数，增加图像的明暗和细节效果。

4.5.4 HDR色调

"HDR色调"是专门用于创作HDR(high dynamic range，高动态范围)照片的一种工具，常用于景物照片的处理，可以校正图像过亮或过暗，增强亮暗部的细节，它不同于一般的色阶和曲线的调节，HDR色调在增加明暗对比时会保留更多的细节。执行菜单"图像"＞"调整"＞"HDR色调"命令，打开"HDR色调"对话框，如图4-64和图4-65所示。

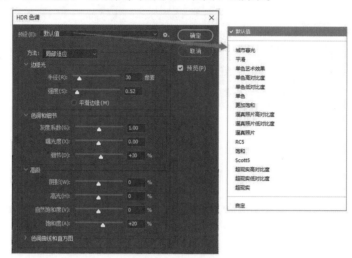

图4-64　"HDR色调"对话框和"预设"类型

图4-65　"HDR色调"效果

HDR色调参数设置

● 预设：系统提供了16种HDR色调预设效果，方便用户直接使用。
● 方法：调整图像色调时可以选择的几种HDR方法。
● 边缘光：用于调整图像边缘的光照强度，如调整逆光照片，如图4-66所示。

图4-66　"HDR色调"调整边缘光效果

- 色调和细节：用于调整图像色调和细节中的"灰度系数""曝光度"和"细节"效果，使细节调整更为柔和。
- 高级：用于调整图像中的"阴影""高光""自然饱和度"和"饱和度"效果。
- 色调曲线和直方图：用曲线和直方图的方式调整图像的色调效果，如图4-67所示。

图4-67　调整"色调曲线和直方图"效果

4.5.5　匹配颜色

"匹配颜色"命令可以将不同图像、多个图层之间的颜色匹配成一致的色调。执行菜单"图像">"调整">"匹配颜色"命令，打开"匹配颜色"对话框。图4-68是两张不同色调的图像"匹配颜色"后的效果，适当调整"渐隐"可以弱化色调效果。

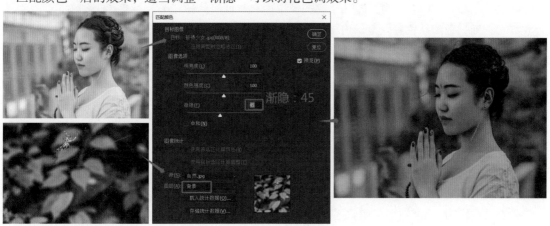

图4-68　匹配颜色效果

匹配颜色参数设置

- 目标：显示当前图像或图层的名称及颜色模式。
- 应用调整时忽略选区：当图像中有选区时，勾选该复选框可忽略选区进行颜色匹配，反之只对选区内的图像匹配颜色。
- 明亮度：用于控制图像的明暗度。
- 颜色强度：用于控制图像的颜色饱和度，数值最小时图像变为灰色图像。
- 渐隐：用于控制目标图像的调整强度。
- 中和：中和图像中的色偏。
- 使用源选区计算颜色：勾选该复选框，可以使源选区中图像与目标图像计算匹配；若取消勾选该复选框，则整个源图像的色调与目标图像进行匹配。
- 使用目标选区计算调整：勾选该复选框，可以使用目标图像中选区内的图像进行计算调整。

- 源：在该下拉列表中可选择与目标图像相匹配的源图像。
- 图层：用于选择匹配图像的源图层。
- 载入统计数据：单击该按钮，可以查找并载入已存储的设置。
- 存储统计数据：单击该按钮，可以存储当前的匹配设置。

实例4-7 使用匹配颜色命令将图像自然混色

操作步骤　　实例视频

4.5.6　替换颜色

"替换颜色"命令可以拾取图像中的某种颜色并替换成其他颜色，方式类似于色彩范围，在一定颜色容差范围内为拾取的颜色创建临时蒙版，通过调整色相、饱和度及明度来替换颜色。执行菜单"图像">"调整">"替换颜色"命令，打开图4-69所示的对话框。

图4-69　"替换颜色"对话框

替换颜色参数设置

- 吸管工具："吸管工具" 用于在图像中拾取颜色信息，"选区"方式的缩略图中吸管显示为纯白色，颜色容差范围内吸管显示为灰色，颜色容差范围外画面为黑色；"添加到取样" 可增加选取范围；"从取样中减去" 可减少选取范围。
- 本地化颜色簇：勾选该复选框，在一幅图像上吸取多个颜色后，会缩小范围，更精确地选择这个范围内的颜色，而范围外的相同颜色构成的图像不会被选中。
- 颜色：用于设置当前选择的颜色。
- 颜色容差：当前所选颜色的容差范围，数值越大，所选区域就越大，"选区"缩略图中显示的白色范围就越大；反之，数值越小，选取范围就越小。
- 选区/图像：用于预览选取的图像，"选区"类型以黑白蒙版方式显示，"图像"类型以原图方式显示。
- 色相/饱和度/明度：用于调整图像的"色相""饱和度"和"明度"效果。

4.6　拓展训练

实例4-8 一键实现高品质黑白效果

操作重点　　实例视频

实例4-9 冷艳美女海报设计

操作重点　　实例视频

实例4-10 制作浪漫的青橙色调效果

操作重点　　实例视频

第5章

图像的绘制和修复

Photoshop作为一款强大的数码图像处理软件，其中重要的功能便是进行绘图和填充。Photoshop绘画的一种方式是使用键盘和鼠标方式绘制图案；另一种方式是可以通过连接数位板，使用数码手绘的方式绘画。无论使用何种方式，Photoshop强大的笔刷、丰富的色彩和可分图层等功能，在数字插画、平面广告设计和二维动画等领域应用非常广泛，深受行业设计师的喜爱。本章通过讲解图像绘制工具——笔刷工具组的使用及自定义画笔预设，以及关于图像修饰、颜色填充、擦除的常用工具，带领读者快速、系统地了解和掌握图像的绘制及修复方面的方法和技巧。

■ 知识点导读：

- 画笔工具和画笔面板的应用
- 使用特殊画笔工具制作特殊效果
- 渐变工具和油漆桶工具的使用方法
- 使用橡皮擦工具擦除图案
- 图像的快速修复
- 图像的局部修饰工具和方法

5.1　使用画笔工具和画笔面板绘制图像

画笔工具组是Photoshop中用于绘画的主要工具，用户可以使用特定的笔刷在图像中直接绘制以添加色彩，"画笔工具"中的画笔预设为用户提供了不同需求的笔刷样式，同时还支持外置笔刷、自定义特殊笔刷。画笔工具组中包括"画笔工具""铅笔工具""颜色替换工具"和"混合器画笔工具"，如图5-1所示。

图5-1　画笔工具组

5.1.1　画笔工具

"画笔工具"是画笔工具组中的第一个绘制工具，用于在图像中绘画或填充颜色。"画笔工具"通常用于手绘形态的不规则线条，使用方法类似于现实中的画笔，选择适合的笔尖后，按下鼠标左键或者使用数位板中的压感笔，就可以进行绘制。画笔在画布中填充的颜色为前景色，图5-2是使用前景色为黑色的画笔在画布中绘制线条。选择"画笔工具"，在属性栏中可以显示其参数设置，如5-3所示。

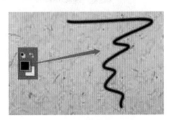

图5-2　使用画笔绘制线条

图5-3　画笔工具属性栏

画笔工具属性栏参数设置

- 画笔预设：可以在预设列表中选择画笔形状，并调整画笔的大小、边缘硬度和笔尖方向。单击右上角的选项按钮 ⚙ 可以管理画笔选项。
- 模式：用于设置画笔绘制的图像与下方图像的颜色混合模式，可以实现画笔绘制的特殊效果。例如，使用黑色同一种画笔绘制"正常""柔光"和"色相"模式所显示的不同效果，如图5-4所示。
- 不透明度：用于设置画笔绘制线条的不透明度，不透明度为100%时能够完整显示画笔颜色。
- 流量：用于控制画笔绘制图像时填充像素的速率。流量值越大，填涂的颜色越深；流量值越小，颜色越浅，使用画笔反复涂抹会使该处图像浓度增加。
- 启用喷枪模式：该按钮可以启用画笔的喷枪功能，使画笔可以像喷枪的效果，不断按住鼠标左键绘制可以增加绘制图案的面积。
- 平滑：在"画笔设置"面板中，勾选"平滑"复选框，可以设置属性栏中的平滑度参数，减少手绘的自然抖动。图5-5是平滑度为0%和100%时绘制的图案效果，但平滑度越大，笔触绘制的速度就会越慢。

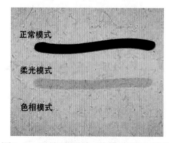

图5-4　画笔选项的3种模式对比效果

图5-5　平滑度为0%和100%的图案绘制效果

- 平滑选项：用于自动平滑鼠标路径，如图5-6所示。
- 拉绳模式：使用该模式，绘制时超出平滑值所设置的半径范围才能将笔触拉出，在笔尖的平滑值范围内不能绘制像素，如图5-7所示。

图5-6　平滑选项　　　　　图5-7　"拉绳模式"绘制超出平滑值的平滑线条

- 描边补齐：用于在暂停画笔光标移动时补齐绘画描边，如图5-8所示。
- 补齐描边末端：绘制线条时，松开鼠标左键，画笔末端自动补齐剩余部分。
- 调整缩放：自动调整平滑量以避免出现低缩放百分比。
- 设置画笔角度：用于修改画笔笔尖的角度，设置该项可以使笔尖改变方向。
- 压力控制：用于控制使用数位板时压力笔的起落用笔的压感，可以模仿真实笔触效果。
- 对称选项：该按钮可以使画笔在绘制图案时呈现"垂直""水平""双轴""对角""波纹"等多种对称效果，如图5-9所示。

图5-8　描边补齐效果　　　　　图5-9　"垂直""双轴""波纹"对称绘画

PS小讲堂

- 快速调整画笔笔尖大小：使用快捷键"【""】"可以调整笔尖大小，多次按"【"键可以不断减小画笔半径，按"】"键可以增大画笔半径。
- 绘制直线线条：使用"画笔工具"，在绘制的线条起始端单击一次，按住Shift键，到线条结束端再次单击，可以将两点之间连接直线的线条，如图5-10所示。
- 绘制垂直或水平的线条：先按住Shift键，再使用"画笔工具"绘制线条即可，如图5-11所示。

图5-10　绘制直线　　　　　图5-11　绘制水平线或垂直线

5.1.2　画笔面板

单击画笔属性栏中的▣按钮或者按快捷键F5，打开"画笔设置"和"画笔"面板。"画笔设置"面板中包括"画笔笔尖形状""形状动态""散布"等13个选项板，可以对笔尖形状和绘制线条进行多种效果的调整，如图5-12所示。

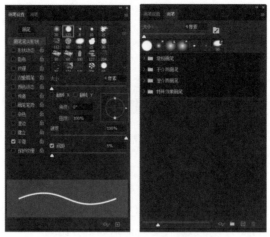

图5-12 "画笔设置"和"画笔"面板

1. 画笔笔尖形状

用户可以根据笔尖预设选择需要的笔刷，调整笔刷的大小、角度和圆度，也可以在右侧的示例图中手动调整笔尖的角度和圆度；"硬度"可以调整笔尖的边缘软硬程度，硬度越小，画笔边缘越虚，硬度越大，画笔边缘越实；"间距"可以调整画笔的连续性，间距增大，画笔线条的连续性减小，如图5-13所示。

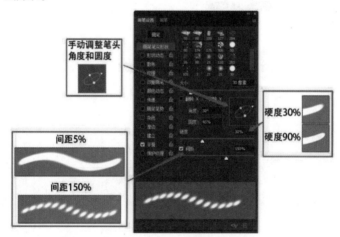

图5-13 画笔笔尖形状效果

2. 形状动态

在调整笔尖的形状时，可以通过"大小抖动""控制""最小直径""角度抖动""圆度抖动"等参数调整笔尖形状的动态效果，使该笔尖绘制的线条出现形状不一的动态变化，如图5-14所示。

- 大小抖动：用于设置笔尖的大小变化范围，数值越大变化越大，一般用于绘制不规则的线条或图案，如图5-15所示。
- 控制：用于设置画笔笔尖抖动的变化方式。例如，"渐隐"可以控制设置笔刷的步长在原始直径和最小直径之间渐隐笔迹的程度，如图5-16所示。此外，"Dial"用于Photoshop支持微软的调色转轮Surface Dial的调整操作。"钢笔压力"/"钢笔斜度"/"光笔轮"主要应用于手写笔在数位板中绘制图案时的变化方式。

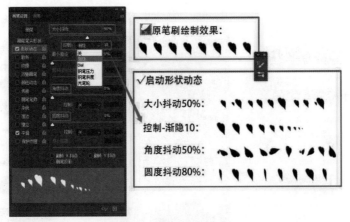

图5-14 形状动态效果

图5-15 大小抖动效果   图5-16 渐隐控制效果

- 最小直径：当启用"大小抖动"或"控制"时笔尖变化的最小值，数值越大，笔尖变化越小。
- 角度抖动：用于设置画笔笔尖绘制时发生的角度旋转变化，如图5-17所示。
- 圆度抖动：用于设置画笔笔尖形状在绘制时发生的圆度变化，如图5-18所示。

图5-17 角度抖动效果   图5-18 圆度抖动效果

3. 散布

"散布"可以将笔迹分散成多个细小的图形，用于绘制不规则的同类图像，如图5-19所示。

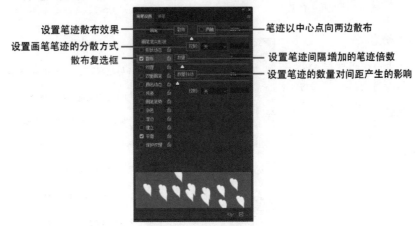

图5-19 散布效果

4. 纹理

"纹理"可以为笔尖图像增加纹理质感，各参数效果如图5-20所示。

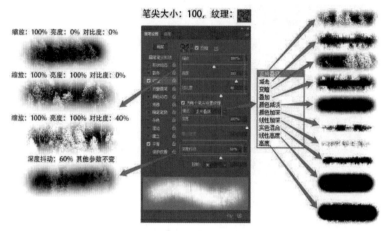

图5-20　笔尖纹理效果

5. 双重画笔

"双重画笔"可以为画笔笔尖增加第二重画笔纹理，其画笔设置如图5-21所示，效果如图5-22所示。

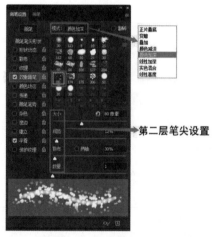

图5-21　双重画笔设置

图5-22　双重画笔绘制效果

6. 颜色动态

"颜色动态"可使画笔颜色在绘制时发生前景色/背景色抖动，以及色相/饱和度等动态变化，如图5-23所示。

7. 传递

"传递"可使画笔的不透明度、流量和湿度等效果发生抖动变化，如图5-24所示。此外，"湿度抖动"和"混合抖动"需要连接数位板使用。

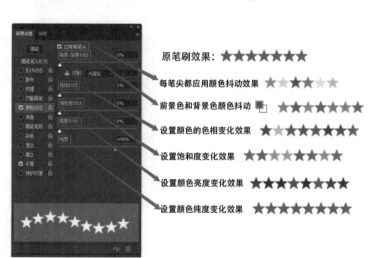

图5-23　颜色动态设置

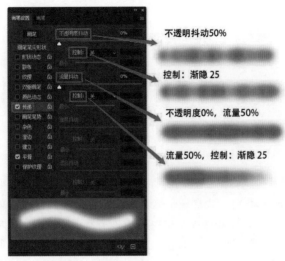

图5-24　传递设置

8. 画笔笔势

"画笔笔势"可以获得类似光笔的效果，用于控制画笔的角度和位置，多用于毛刷类的笔尖调整，如图5-25所示。

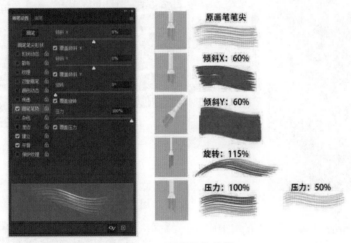

图5-25　画笔笔势效果

9. 杂色

对于画笔边缘硬度较低的笔刷，添加杂色可以使软化的边缘变成细小颗粒，如图5-26所示。

10. 湿边

"湿边"可使画笔边缘产生"潮湿"和"晕染"效果，如图5-27所示。

图5-26　杂色效果　　　　　　　　　　图5-27　湿边效果

11. 建立

长按鼠标左键可以使边缘为软性的画笔建立不断扩散的效果，即喷枪开关。

12. 平滑

可以使画笔线条呈现平滑效果，是画笔属性栏中"平滑"参数设置的开关。

13. 保护纹理

应用预设画笔时保留纹理图案，与"纹理"设置配合使用。

14. 画笔面板

在"画笔"面板中展示了"画笔工具"所有的笔刷预设，可以非常直观地帮助用户选择需要的笔刷。画笔预设默认分4个类别，"常规画笔"提供了几种较为常规的普通画笔；"干介质画笔"提供了几种铅笔、炭笔、粉笔和硬橡皮擦等专用于卡通手绘的画笔类型；"湿介质画笔"提供了几种传统漫画画笔、潮湿混合画笔、油画画笔等专用于水彩、油画插画的画笔类型；"特殊效果画笔"提供了喷溅、压力控制、刮痕等制作特殊笔迹的画笔类型，如图5-28所示。

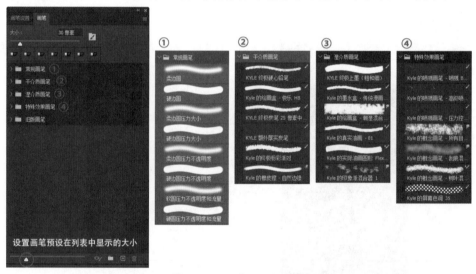

图5-28 "画笔"面板预设

此外，针对Photoshop老用户的使用习惯，可以通过"画笔"面板右上角的选项按钮添加"旧版画笔"，这样可以增加更多的笔刷类型，具体操作步骤如图5-29所示。

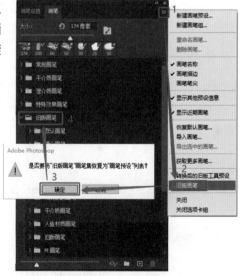

图5-29 添加"旧版画笔"

5.1.3　铅笔工具

"铅笔工具"能够真实地模拟铅笔绘制的效果，线条边缘较硬而且有明显的棱角，其绘制方法与"画笔工具"基本相同，选项设置也大体相同。图5-30为铅笔工具属性栏。

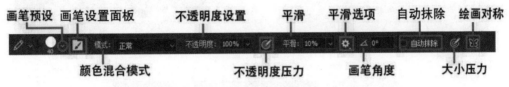

图5-30　铅笔工具属性栏

铅笔工具属性栏参数设置

- 画笔预设：提供了"铅笔工具"的大小、硬度、画笔笔尖等选项。其中，"铅笔工具"的硬度参数不论值为多少，绘制的线条边缘都是硬边并有棱角的线条效果，如图5-31所示。
- 画笔设置面板：使用方法与"画笔工具"的"画笔设置"面板一样，不论如何设置，其笔刷边缘的硬度都是最大效果。
- 模式：包括"正常""溶解""正片叠底""线性加深"等颜色混合模式，可以将画笔颜色与下方图案的像素颜色按照指定模式进行混合。
- 不透明度：用于设置绘制颜色的不透明效果。
- 平滑：用于设置画笔线条的平滑效果，平滑度越大，线条抖动越小。
- 自动抹除：该复选框可以启用"铅笔工具"的自动涂抹功能。勾选该复选框，铅笔光标的十字中心点在上一次绘制的前景色范围内涂抹，会自动替换为背景色进行涂抹，以此类推，可以反复以前景色和背景色替换的方式涂抹，如图5-32所示。

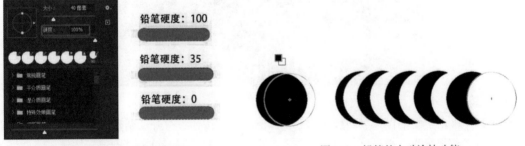

图5-31　铅笔中的"画笔预设"　　　　　图5-32　铅笔的自动涂抹功能

5.1.4　自定义画笔

有时候，预设的画笔不能满足绘图的需要，使用"编辑"菜单中的"定义画笔预设"命令，可以根据用户的实际需要定制专属的私人画笔。图5-33为特殊图案定义的画笔预设。

自定义画笔形状操作步骤如下。

步骤01　打开一张带有蝴蝶图案的PNG素材，按住Ctrl键单击该图层的缩略图，将蝴蝶的图像选中，建立选区，如图5-34所示。

步骤02　执行菜单"编辑">"定义画笔预设"命令，将选区中的图像定义为画笔"蝴蝶"，如图5-35所示。

图5-33　小鸭图案的画笔预设

图5-34　为要定义成画笔的图像建立选区

图5-35　定义画笔预设

步骤03　选择"画笔工具"，可以看到鼠标光标变成刚才预设的图案形状。打开"画笔设置"面板，将画笔"大小"设置为120像素，"间距"设置为80%。打开"形状动态"选项，将"大小抖动"设置为30%，"角度抖动"设置为20%。打开"颜色动态"选项，将"色相抖动"设置为50%，如图5-36所示。

图5-36　画笔设置

步骤04　单击"画笔设置"面板中的"创建新画笔"按钮，打开"新建画笔"对话框，将设置好的画笔名称设置为"蝴蝶"，勾选"包含工具设置"复选框，单击"确定"按钮，将调好的画笔预设添加进画笔预设中，如图5-37和图5-38所示。

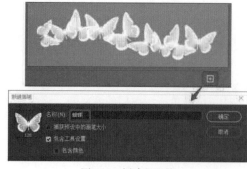

图5-37　创建新画笔

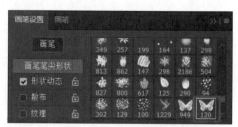

图5-38　定义为新画笔

步骤05 新建一个背景色为白色的图像文件，将前景色设置为红色(RGB:255,9,9)，选择"画笔工具"，就可以在画布中绘制不同颜色的蝴蝶笔迹，如图5-39所示。

图5-39 自定义画笔笔迹效果

PS小贴士

"编辑"菜单中的"定义画笔预设"命令可以直接将各种图案直接建立选区定义为画笔，不受大小、色彩、选区形状等限制，但定义好的画笔大小形状与原图案相同，颜色以前景色为主，纹理保留原图案纹理。因此，如果想进一步调整，就需要在"画笔设置"面板中再次进行调整，并重新定义。

5.1.5 载入外置笔刷

"画笔预设"面板(或"画笔"面板)的选项菜单中提供了对画笔进行管理的设置，不仅能够管理预设面板中的显示工具，而且可以导入外置画笔和联网到Adobe官方网站中获取画笔，同时针对Photoshop老用户提供了载入旧版笔刷的选项，如图5-40所示。

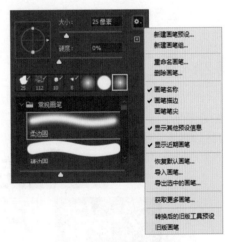

载入外置笔刷操作步骤如下。

步骤01 在Adobe官方网站或者平面设计网站上下载Photoshop外置笔刷。

步骤02 选择"画笔工具"，打开"画笔预设"面板，单击右上角的选项按钮，在面板菜单中选择"导入画笔"命令，打开"载入"对话框，找到外置画笔的文件夹，选择需要载入的画笔，单击"载入"按钮，即可完成外置画笔的载入操作，如图5-41和图5-42所示。

图5-40 画笔预设选项菜单

图5-41 "载入"对话框

步骤03 选择其中的"fluffy_trees"笔刷，将前景色设置成黑色，在空白的画布上绘制，可以看到一幅水墨山水画，如图5-43所示。

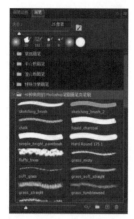

图5-42 "画笔"面板中的外置画笔

图5-43 使用外置笔刷绘制水墨图案

5.2 特殊画笔工具

画笔工具组中除了常规使用的工具外，还有几种特殊画笔类型，可以为用户的设计和创作提供更多的可能性。

5.2.1 颜色替换工具

"颜色替换工具"可以通过画笔刷涂的方式，将图像中拾取的颜色替换成指定的颜色，同时保留图像中原有的纹理效果。在画笔工具组中单击选择"颜色替换工具"，即可在工作界面上方看到图5-44所示的颜色替换工具属性栏。

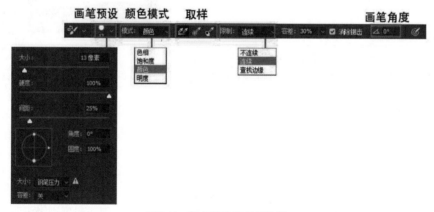

图5-44 颜色替换工具属性栏

颜色替换工具参数设置

● 画笔预设：用于设置笔尖的大小、硬度、间距、角度和圆度等参数。

● 模式：用于设置替换颜色的绘画模式，包括"色相""饱和度""颜色"和"明度"。

● 取样：用于设置颜色的取样方式。"连续取样" 🖌可以对鼠标划过的颜色像素取样；"一次取样" 🖌只会替换第一次取样的颜色区域；"背景色板取样" 🖌替换包括背景色的像素区域。

- 限制：用于设置限制替换的条件。"连续"限制只替换与鼠标光标下像素颜色接近的区域；"不连续"限制可以替换鼠标位置下任何像素的颜色；"查找边缘"限制能够替换包括样本颜色的连续范围，但会保留原图像边缘的纹理。
- 容差：用于设置替换颜色的影响范围，容差值越大，替换颜色时的颜色范围就越大。
- 消除锯齿：该选项可以消除替换颜色区域的锯齿，使图像替换颜色的效果更加自然。

5.2.2 混合器画笔工具

"混合器画笔工具"可以将图像中的像素颜色进行一定程度的混合，制作出类似油画的混合颜料效果，常用于绘制传统绘画效果。选择"混合器画笔工具"，可以看到该工具的属性栏，如图5-45所示。

图5-45 混合器画笔工具属性栏

混合器画笔工具属性栏参数设置

- 色块：可以拾取前景色或按Alt键拾取图像颜色作为混合颜料的颜色。"载入画笔"拾取画布中的图案作为画笔；"清除画笔"清除画笔图案；"只载入纯色"在画布中拾取鼠标所在位置的单一颜色。
- 自动载入：该选项可以使涂抹区域与当前画笔载入颜色相混合，如图5-46所示。

图5-46 自动载入当前画笔混合

- 清除：该选项可以在每次描边后清理画笔颜色。
- 绘制痕迹：包括"自定""干燥""湿润""潮湿""非常潮湿"等13种绘制痕迹效果。
- 潮湿：用于设置颜料混合的颜色量，值越大，绘制描边的湿润效果越明显。
- 载入：用于设置添加的颜色量，值越小，绘制时描边干燥得

越快。

- 混合：用于设置图像中颜色量和色块颜色的混合比例。数值为0时，混合颜色全部从色块中选取；数值为100时，混合颜色全部从图像颜色中拾取。
- 对所有图层取样：该选项可以对当前图像的所有图层拾取颜色信息。

5.2.3 历史记录画笔工具

"历史记录画笔工具"可以用画笔绘制的方式将图像局部恢复成原始图像内容，结合"历史记录"面板，可以非常方便地恢复图像之前的任意一步操作。选择工具箱中的"历史记录画笔工具"，可以看到属性栏中的历史记录画笔工具属性，如图5-47所示。

图5-47 历史记录画笔工具属性栏

"历史记录画笔工具"在其属性调整上与"画笔工具"基本相同，其效果是使调整后的图像在某区域范围内恢复原状。例如，为素材执行"滤镜"菜单中的"高斯模糊"命令，再使用"历史记录画笔工具"在图像主体上进行涂抹，恢复素材的清晰效果，如图5-48所示。

在Photoshop中，"历史记录"面板可以记录当前图像的所有操作步骤，执行菜单"窗口">"历史记录"命令，打开"历史记录"面板，如图5-49所示。用户可以从历史记录中跳转到操作的任意一步，继续执行新的操作，历史记录将从当前位置继续执行记录。

图5-48 使用"历史记录画笔工具"恢复局部原貌

图5-49 "历史记录"面板

5.2.4 历史记录艺术画笔工具

在历史记录画笔工具组中，第二个是"历史记录艺术画笔工具"。该工具常用于制作艺术抽象效果的图像，使用方法与"画笔工具"相同。其绘制过程是将笔触经过的图案像素进行特殊艺术变化，其属性栏如图5-50所示。

图5-50 历史记录艺术画笔工具属性栏

历史记录艺术画笔工具属性栏参数设置

- 样式：用于设置艺术画笔的风格类型，包括"绷紧短""松散中等""松散卷曲"等10种样式效果。图5-51为部分样式效果。

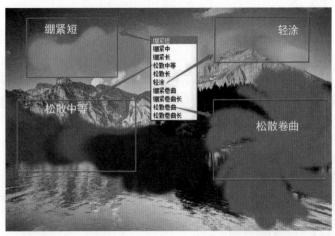

图5-51 历史记录艺术画笔样式

- 区域：用于设置产生艺术效果的影响范围，值越大，影响范围越大。
- 容差：用于控制图像中色彩的保留程度，容差值越大，色彩保留程度越高。

5.3 在图像中填充颜色

关于数码图像中颜色的填充，Photoshop中有多种功能强大的解决方案，如"渐变工具""油漆桶工具"、图章工具组等，并且随着版本的升级，很多工具的功能和效果也不断地改进，更加符合设计师的工作需要，为设计创作提供更多样的选择。

5.3.1 渐变工具

在为图像填充色彩时，往往需要将各种色彩搭配组合填充到图像中，使整个图像的色彩产生奇妙的变化。"渐变工具"可以使各种颜色自然过渡，通过不同的渐变方式形成渐变色彩，使图像看起来更加色彩斑斓。单击工具箱中的"渐变工具"按钮■，选择"渐变工具"，在属性栏中可看到渐变工具属性，如图5-52所示。

图5-52 渐变工具属性栏

渐变工具属性栏参数设置

- 渐变类型：用于显示当前渐变的色彩效果，单击该处可以弹出"渐变编辑器"，用于自定义渐变效果，如图5-53所示。

- 渐变预设：单击"渐变类型"颜色条旁边的■按钮，可以弹出"渐变预设"，其中提供了不同种类的渐变预设效果。用户可以根据需要选择不同的渐变色彩。Photoshop升级后的版本相对以前的版本进行了彻底的改进，渐变预设变得很直观，渐变类型以分组形式出现，如图5-54所示。

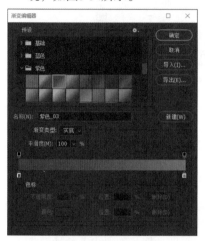

图5-53　渐变编辑器

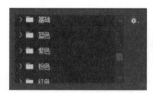

图5-54　新版渐变预设和旧版渐变预设

PS小贴士

在渐变预设中，有些渐变类型是比较常用和重要的，如"基础"预设中的3个类型："前景色到背景色渐变""前景色到透明渐变""黑、白渐变"，如图5-55所示。

图5-55　"基础"渐变类型

此外，在旧版渐变类型中，还有几种常用的渐变类型："色谱渐变""透明的彩虹渐变""透明条纹渐变"。习惯使用旧版渐变类型的用户也可以通过"渐变"面板导入"旧版渐变"的方式将旧版渐变类型加载进去，如图5-56所示。

- 渐变样式：用于设置绘制渐变的样式效果。"线性渐变"■可以绘制从起点到终点的直线形渐变；"径向渐变"■可以绘制从起点到终点的放射形(圆形)渐变，其中，起点位置为径向渐变的圆心，起点到终点距离为渐变半径；"角度渐变"■可以绘制以起点为旋转点，以起点到终点拖动的直线为轴，逆时针方向旋转一周形成的渐变效果；"对称渐变"■可以创建从起点到终点做对称性直线渐变效果；"菱形渐变"■可以创建从起点到终点的菱形渐变效果，如图5-57所示。

- 模式：用于设置渐变填充的颜色混合模式。

- 不透明度：用于设置渐变填充的不透明度。

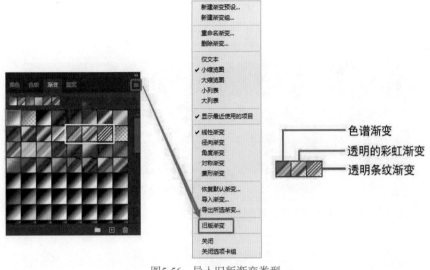

图5-56　导入旧版渐变类型

图5-57　5种渐变样式

- 反向：用于改变渐变颜色的顺序方向，如图5-58所示。

图5-58　渐变反向效果

- 仿色：该复选框可以使渐变颜色过渡更加自然。
- 透明区域：该复选框可以创建包含透明像素的渐变。

5.3.2　渐变编辑器

很多用户在使用"渐变工具"填充颜色时，经常会遇到一些特殊的渐变效果应用，因此需要对已有的渐变效果进行修改，或者创建一个新的渐变类型。此时，用户可以单击渐变工具属性栏中的颜色条，打开"渐变编辑器"对话框，对渐变的颜色、类型和效果进一步编辑和设置，并存储为一个新的渐变类型，如图5-59所示。

渐变编辑器参数设置

- 预设：提供"基础""蓝色"等12种颜色组别，选择"预设"中的任意渐变类型，渐变效果体现在颜色条中。

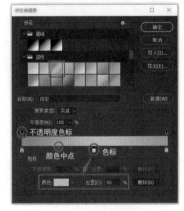

图5-59　渐变编辑器

- 名称：显示当前选择的渐变类型，也可以重命名新的渐变效果。
- 渐变类型：包括"实底"和"杂色"两种类型，选择不同类型时下面对应的参数设置也不尽相同，通常渐变预设中的渐变颜色都属于"实色"类型，其参数如图5-60所示。

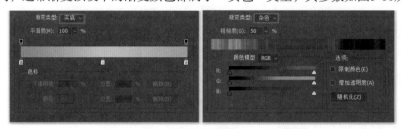

图5-60　"实底"和"杂色"两种渐变类型

- 平滑度：用于设置颜色过渡时的平滑均匀效果。
- 不透明度色标：用于设置该色标位置的颜色不透明度，不透明度色标显示为从白色到黑色，白色时不透明度为0%，该色标处显示为透明状；黑色时不透明度为100%，该处颜色为实色；过渡的灰色为半透明颜色。选中不透明度色标时，色标下面的小三角变成黑色，如图5-61所示。

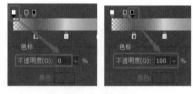

- 色标：用于设置该色标处的颜色。
- 颜色中点：两个色标中间的控制点，用于控制颜色偏量，颜色中点偏左，右侧色标的颜色量就多；颜色中点偏右，左侧色标的颜色量就多，如图5-62所示。

图5-61　不透明度色标

图5-62　颜色中点调节颜色偏量

- 粗糙度：用于设置"杂色"渐变类型时，颜色过渡的粗糙锐化程度。参数值越大，渐变填充的颜色变化就越明显，反之颜色变化就越柔和。
- 颜色模型：包括RGB、HSB和Lab 3种模型。选择不同模型可以根据相应的颜色条来确定渐变颜色。
- 限制颜色：可以限制降低颜色的饱和度。
- 增加透明度：可以设置颜色的不透明度效果。
- 随机化：可以设置渐变颜色的随机效果。
- 快速增加色标：使用鼠标左键在渐变颜色条下面的空白处单击，可以增加颜色色标；在颜色条上面空白处单击，可以增加不透明度色标。通过双击色标中的矩形色块，可以打开拾色器，或在下面的"颜色"参数中进行调整。调整"不透明度色标"参数，可以调整不透明度色标的"不透明度"和"位置"，如图5-63和图5-64所示。
- 快速删除色标：单击色标中的矩形块，向其他方向快速拖动，可以快速地删除色标和不透明度色标。
- 复制色标：单击选择源色标的矩形块，在颜色条中空余位置单击添加新的色标，会自动复制上一个所选源色标的颜色或不透明度。

实例5-5　为天空添加彩虹

操作步骤　实例视频

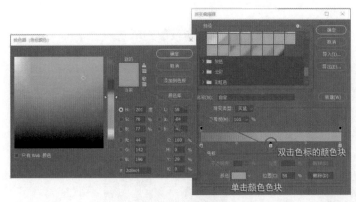

图5-63 快速添加色标并调整颜色

图5-64 快速增加"不透明度色标"并调整

5.3.3 油漆桶工具

在填充工具组中，长按鼠标左键或右击，可弹出填充工具组中的工具，第2个就是"油漆桶工具"。"油漆桶工具"是可以在图层内、选区中或者图像颜色相近区域内填充前景色或图案的一种工具，如图5-65所示。

图5-65 填充工具组

"油漆桶工具"常用于在图像中快速填充前景色或图案效果，其属性栏参数设置如图5-66所示，其使用方法只需在填充图像位置单击即可完成填充。

图5-66 油漆桶工具属性栏

油漆桶工具参数设置

- 填充类型：可以设置为图像、图层、选区内填充的类型，主要包括前景色和图案。其中，"前景"即填充工具箱中的前景色；"图案"可以选择预设的图案为填充对象，单击图案预设中的 图案 图标，即可打开图案预设，如图5-67所示。
- 填充颜色混合模式：用于设置填充颜色或图案与原图的颜色混合模式。
- 不透明度：用于设置填充的不透明度。
- 容差：用于设置在图像中填充时的颜色范围，容差值越大，允许填充的颜色范围越大，填充的图案面积就越大，反之越小，如图5-68所示。

图5-67 选择图案预设

图5-68 不同容差值效果

- 消除锯齿：用于设置油漆桶填充时边缘的平滑性。

- 连续的：用于设置填充时的连贯性。
- 所有图层：用于设置填充时是否应用于所有图层进行颜色或图案填充。

PS小贴士

Photoshop中全新改版了图案类型，包括"树""草"和"水滴"3个图案组。对于习惯使用旧版本的用户来说，缺少了以往常用的一些图案。此时，可以执行菜单"窗口">"图案"命令，打开"图案"面板，显示所有图案预设。单击面板右上角的■按钮，在弹出的面板菜单中选择"旧版图案及其他"命令，可以将旧版的图案添加至预设中，如图5-69所示。

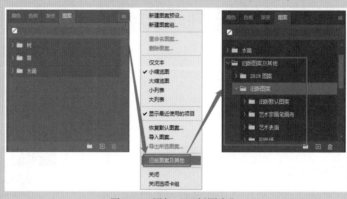

图5-69　添加"旧版图案"

实例5-6　制作棋盘格图案效果

操作步骤　　实例视频

PS小贴士

制作棋盘格的技巧在于绘制其最小的图案单元，因此只需要找到整个图案中的最小可复制单元，就可以将其定义为图案。思考一下，如果是图5-70所示的斜棋盘格，应该怎么做呢？最小的图案单元是什么样的呢？

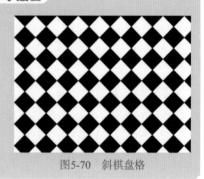

图5-70　斜棋盘格

5.3.4　3D材质拖放工具

"3D材质拖放工具"主要针对在Photoshop中制作的3D图层对象，可以将工具中加载的材质拖动至3D对象的目标区域中。使用时需要将图层转换为3D工作界面的3D图层，并将图层中的平面图像转变为三维立体图像，即可使用"3D材质拖放工具"中的图案预设，为3D图像中的各面添加图案效果，如图5-71所示。

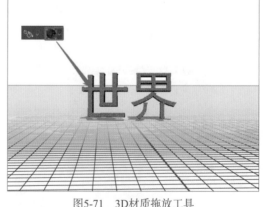

图5-71　3D材质拖放工具

5.3.5 仿制图章工具

　　"仿制图章工具"可以像"画笔工具"一样，将图像或部分图像复制后进行涂抹绘制。使用方法非常简单，先按住Alt键到图像目标源中进行拾取样本，松开Alt键，再到空白位置进行涂抹复制，如图5-72所示。

　　在工具箱中选择"仿制图章工具"，可以在属性栏中看到其属性设置，其参数设置基本与"画笔工具"一致，如图5-73所示。

图5-72 使用"仿制图章工具"复制图像

图5-73 仿制图章工具属性栏

仿制图章工具参数设置

● 仿制源：单击属性栏中的■按钮，打开"仿制源"面板，通过该面板可以将复制的图像进行"水平翻转""垂直翻转""缩放""旋转角度""位移""不透明度"等设置，如图5-74所示。

● 对齐：勾选该复选框，拾取样本后，每一次绘制都和上一次绘制对齐；不勾选该复选框，每一次绘制都重新开始，如图5-75所示。

图5-74 "仿制源"面板

图5-75 对齐方式

● 样本：拾取目标样本的图层设置，包括"当前图层""当前和下方图层"和"所有图层"。

PS小技巧

　　"仿制图章工具"的用途很多，不仅能够复制图像效果，还能起到遮盖的作用。对于轮廓明显、周围画面又不能破坏的瑕疵修复，"仿制图章工具"的作用是不可替代的。如图5-76所示，去除旧照片中人物衣领的痕迹，可以使用"仿制图章工具"复制周围信息，再将污痕盖印擦除。

图5-76 使用"仿制图章工具"擦除印记

实例5-7 使用仿制图章工具去除照片的水印和多余物体

操作步骤　　　实例视频

5.3.6 图案图章工具

　　"图案图章工具"可以将预设或自定义的图案以画笔绘制的方式填充到图像或选区中，通常用于快速仿制预设或自定义图案。其使用时不需要像"仿制图章工具"一样去拾取样本图案再绘制，"图案图章工具"只需要提前选择相应的图案，便可以在图像上绘制图案，如图5-77所示。其属性栏设置如图5-78所示。

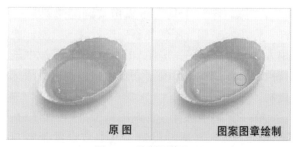

图5-77　绘制图像纹理

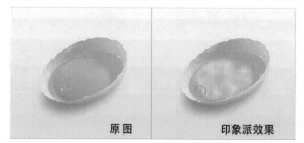

图5-78　图案图章工具属性栏

图案图章工具参数设置

- 画笔设置：打开"画笔设置"面板，可以设置"图案图章工具"的笔刷形状。
- 图案：选择要进行盖印的图案效果。
- 对齐：使用功能同"仿制图章工具"中的"对齐"功能，多次绘制图案时均能与第一次绘制图案连续，盖印图案不受绘制次数影响。
- 印象派效果：勾选该复选框可以模拟印象派绘画效果，笔调浓淡不一，如图5-79所示。

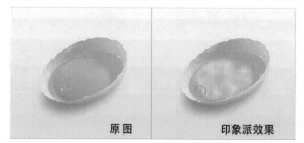

图5-79　印象派效果

实例5-8　使用图案图章工具添加图案纹理

操作步骤　　实例视频

5.4　图案的清除

　　在Photoshop中，对图像中的图案像素进行清除的是橡皮擦工具组中的工具，其中包括"橡皮擦工具""背景橡皮擦工具"和"魔术橡皮擦工具"。这些工具可以根据不同的情况，将图层中的像素使用"背景色"或"透明"效果擦除。图5-80为工具箱中的橡皮擦工具组。

图5-80　橡皮擦工具组

5.4.1 橡皮擦工具

　　"橡皮擦工具"可以擦除图像中的像素。在背景图层擦除时，擦除区域出现的是背景色；在普通图层擦除时，会将当前图层的像素擦除，出现的是透明区域，如图5-81所示。

图5-81 使用橡皮擦工具擦除效果

选择"橡皮擦工具",属性栏自动变为橡皮擦工具属性栏,可以对橡皮擦的属性进行设置和调整,其常用设置与"画笔工具"一致,如图5-82所示。

图5-82 橡皮擦工具属性栏

橡皮擦工具参数设置

- 模式:用于设置橡皮擦的擦除形式,包括"画笔""铅笔"和"块",如图5-83所示。
- 抹到历史记录:作用同"历史记录画笔工具"。该功能可以将擦除后的图像恢复为原图或文件保存之后的图像。勾选该复选框,在"历史记录"面板中选择一个要擦除的操作,即可在该步骤中擦除到历史记录效果,如图5-84所示。

图5-83 橡皮擦3种模式   图5-84 使用"抹到历史记录"将图像复原

PS小贴士

使用"橡皮擦工具"擦除图像时,快捷键与"画笔工具"相似,按住Shift键进行擦除,可以直线或两点之间连接直线的方式进行擦除;按住Ctrl键,可以切换为"移动工具",可以移动图层("背景"图层变成"图层0"进行移动);按住Alt键,可以自动变为"抹到历史记录"功能。

5.4.2 背景橡皮擦工具

"背景橡皮擦工具"可以在图像中擦除指定的颜色像素,擦除的图像变为透明区域,即使是背景图层,使用"背景橡皮擦工具"也会将图像擦除成透明状态,背景图层会变为"图层0",如图5-85所示。

图5-85　背景橡皮擦擦除背景图层

在工具箱中选择"背景橡皮擦工具"，在属性栏中会出现背景橡皮擦属性，通过属性栏中的选项可以对"背景橡皮擦工具"进行参数设置，如图5-86所示。

图5-86　背景橡皮擦工具属性栏

背景橡皮擦工具参数设置

- 取样：可以设置擦除图像的方式，主要包括"连续""一次"和"背景色板"3种方式。对比效果如图5-87所示。
  - 连续：鼠标经过的颜色区域可以进行连续取样，即擦除时不受颜色约束。
  - 一次：使用"背景橡皮擦工具"时，对某颜色进行一次取样，则该颜色自动成为背景色，只对该颜色区域擦除颜色像素。
  - 背景色板：使用该类型时，只能擦除与背景颜色在容差值范围内的颜色区域。
- 限制：用于设置擦除时的限制要求，主要包括"连续""不连续"和"查找边缘"。
- 容差：用于设置擦除颜色的相邻范围。容差值越大，被擦除的颜色范围就越大。
- 保护前景色：勾选该复选框，可以锁定与前景色颜色一致的图像颜色不被擦除。

图5-87　背景橡皮擦工具的3种取样方式

5.4.3　魔术橡皮擦工具

"魔术橡皮擦工具"在使用时与"魔术棒工具"非常相似，它可以根据颜色的取样而对相邻的容差值范围内的颜色进行一次性擦除。"魔术橡皮擦工具"常用于快速去掉图像背景或某范围内的颜色，如图5-88所示。

图5-88　使用魔术橡皮擦单击擦除同色域像素

在工具箱中选择"魔术橡皮擦工具"，即可在属性栏中显示魔术橡皮擦属性，通过属性栏中的选项可以对"魔术橡皮擦工具"进行参数设置，如图5-89所示。

实例5-9　使用橡皮擦工具组对玩具小熊抠图替换背景

操作步骤　　　实例视频

图5-89　魔术橡皮擦工具属性栏

5.5　图像的快速修复

Photoshop对数码照片的处理，很重要的一个环节就是对图像的快速修复，一种是去除数码照片中的多余污点，另一种是修复或去除传统的胶卷照片的扫描图像上的污渍、刮痕等。Photoshop中对图像进行快速修复的常用工具有几种，主要包括"污点修复画笔工具""修复画笔工具""修补工具""内容感知移动工具"和"红眼工具"，其他修复工具还包括模糊、锐化、减淡、加深工具组等。对于一幅数码照片的修复，往往需要综合使用这些工具命令，才能达到快速修复和美化照片的效果。本节将对这些修复工具进行详细的功能介绍和实例制作。

5.5.1　污点修复画笔工具

"污点修复画笔工具"图标 的形状好像一个"创可贴"，可以使用直接涂抹的方式轻松将图像中的污点遮盖。该工具常被用于快速修复图像或数码照片中比较明显的瑕疵，其操作方法是选择该工具后，将光标大小调至与污点相似，按住鼠标左键在污点处单击或涂抹，同时结合周围像素的颜色信息，将污点盖住，如图5-90所示。

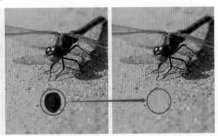

图5-90　污点修复画笔工具修复效果

在工具箱中选择"污点修复画笔工具"，可以在属性栏中看到污点修复画笔工具属性，如图5-91所示。

图5-91　污点修复画笔工具属性栏

污点修复画笔工具参数设置

- 画笔设置：用于设置污点修复画笔的笔刷形式。
- 模式：共包括设置修复图像时的8种图像混合模式。例如，使用"正常"模式，可以直接将污点去除；使用"替换"模式，可以保留画笔描边时边缘处的纹理和杂色；使用"变暗"模式，可以将污点的明度去除，保留暗部效果，如图5-92所示。

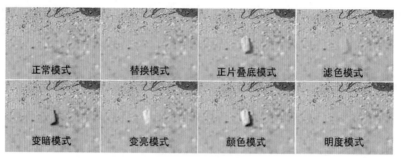

图5-92　污点修复画笔工具的8种混合模式

- 类型：指去除污点的效果类型，可以选择"内容识别""创建纹理"和"近似匹配"3种类型，分别如下。
  - 内容识别：使用该选项去除污点时，会使用周围图像的颜色自动识别擦除内容。
  - 创建纹理：使用该选项去除污点时，样本自动拾取污点周围的信息并创建一个用于修复污点的纹理。
  - 近似匹配：使用该选项去除污点时，将自动拾取周围图案信息创建近似图案，以匹配整体效果，如图5-93所示。

图5-93　污点修复画笔工具的3种修复类型

PS小贴士

　　使用"污点修复画笔工具"去除瑕疵时，尽量选择瑕疵周围较为干净的图像。如果处理瑕疵较多，如满是雀斑的人物之类的照片，则需要结合其他工具一同处理。

　　在修饰图像时，尽量将画笔大小调整成污渍大小，或比其稍大一点。

5.5.2　修复画笔工具

　　"修复画笔工具"可以对破坏的数码照片或有瑕疵的图像进行修复，比较适合在复杂背景环境中去除瑕疵。在使用该工具时，首先需要进行样本图像的取样，再使用笔触在需要修复的图像处涂抹，可以在修复的同时，将样本图像的纹理、光照、透明度和阴影等信息与所修复图像融合修复。

　　"修复画笔工具"的使用方法为，先按住Alt键在瑕疵部位周围区域单击拾取样本信息，然后将光标移动至需要修复的瑕疵部分进行擦涂，即可快速自然地修复图像，如图5-94所示。

　　选择"修复画笔工具"，在属性栏中可以看到修复画笔工具属性，如图5-95所示。

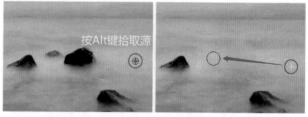

图5-94　使用修复画笔工具对图像瑕疵修复

图5-95　修复画笔工具属性栏

修复画笔工具参数设置

- 仿制源：单击可打开"仿制源"面板，用法同"仿制图章工具"。
- 模式：修复图像时的图像混合模式。
- 源：用于设置修复图像的源，主要包括"取样"和"图案"两种类型，分别如下。
  - 取样：使用"取样"选项，可以按住Alt键在图像中采样，使用采样点周围的图像信息作为修补的图像。
  - 图案：使用"图案"选项，可以在"图案"下拉列表中选择用于修补的图案。
- 样本：用于设置修复效果作用的图层。

5.5.3　修补工具

"修补工具"的图标形状好像一个补丁，表示它可以将样本像素的光照、纹理等细节与原像素融合匹配。"修补工具"在效果上与"修复画笔工具"相似，使用方法是通过在需要修复的部位绘制选区，然后将该部分图像移动至周围颜色相近、无瑕疵处，松开即可得到修复好的图像，如图5-96所示。

图5-96　使用修补工具将井盖擦除

在工具箱中选择"修补工具"，可以看到修补工具属性，如图5-97所示。

图5-97　修补工具属性栏

修补工具参数设置

- 选区模式：用于建立修补的选区范围，包括"新选区""添加到选区""从选区减去"和"与选区交叉"4种模式，使用方法与选框工具组一致。
- 修补：用于设置修补方法，包括"正常"和"内容识别"两种方法。"内容识别"可以根据目标位置的图像来识别修补源位置的瑕疵，以尽可能小地不影响瑕疵周围的像素，如图5-98所示。

图5-98　修补工具的两种模式修补

- 源：修补的对象是选区中的部分。
- 目标：与"源"修补方式相反，使用选区内的图像移动至需要修补的部分进行融合修补。
- 透明：混合修补时使用透明度。使用"透明"效果时，被修补区域只有边缘与源信息相融合，选区内部图案纹理等依然保留原来的纹理；不使用"透明"效果时，则被修补区域完全与源信息相融合，如图5-99所示。

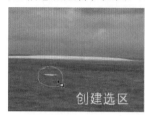

图5-99　是否使用"透明"修补效果

- 使用图案：使用该选项，被修补区域将会以特定图案进行修补。
- 扩散：用于调整边缘的扩散程度，值越大和周围像素的融合程度越强。

PS小讲堂

"渐隐填充"是Photoshop中专门为"修补工具"匹配的一个命令，可以对修补中的图像调整渐隐的不透明度。在对一处瑕疵进行内容填充后，就可以在"编辑"菜单中找到该命令，执行菜单"编辑">"渐隐填充"命令，打开"渐隐"对话框，调整其"不透明度"值，就可以将修补选区中的修复部分进行渐隐还原，如图5-100所示。

图5-100　制作渐隐效果

5.5.4　内容感知移动工具

"内容感知移动工具"也是一种常用的修复图像工具，它在操作中与"修补工具"相反，可以在目标图像中建立选区，移动至需要遮盖的图像位置，使被移动的目标图像与新的图像周围融合在一起，而被遮盖的源图像则被智能填充。在工具箱中选择"内容感知移动工具"，可以看到内容感知移动工具属性，如图5-101所示。

图5-101　内容感知移动工具属性栏

内容感知移动工具参数设置

- 模式：用于设置内容感知移动的变换模式，包括"移动"和"扩展"两种方式，分别如下。
  - 移动："移动"模式简单来说就是"剪切"与"粘贴"，即可以将选区内的内容移动至新的位置并和周围图像边缘融合，原来的位置被周围环境自动填充。
  - 扩展："扩展"模式就是"复制"与"粘贴"，同样也是将选区内的内容移动至新的位置并和周围图像融合，但原来位置的图像不变，如图5-102所示。

图5-102　内容感知移动工具的两种模式

- 结构：用于调整源结构的保留严格程度，单击数值可以弹出调整滑块，数值越高，源信息移动至新的位置时保留的图像边缘越清晰，如图5-103所示。
- 颜色：用于调整可修改源色彩的程度。
- 对所有图层取样：勾选该复选框，以重新取样所有图层。
- 投影时变换：勾选该复选框，允许旋转和缩放选区。

图5-103　结构不同时，内容感知移动后的边缘效果

5.5.5　红眼工具

"红眼工具"是Photoshop中专为去除人物夜间拍照时因闪光灯出现的红眼现象而设计的一种功能。选择"红眼工具"，可以显示红眼工具属性，如图5-104所示。使用"红眼工具"分别单击照片中的红眼，就可以出现图5-105所示的去红眼效果。

图5-104　红眼工具属性栏

红眼工具参数设置

- 瞳孔大小：用于设置图像中拾取瞳孔的大小。
- 变暗量：用于设置瞳孔的暗度。

实例5-10　使用修复画笔工具去除人脸上的瑕疵

操作步骤　　实例视频

PS小贴士

去红眼功能其实是将颜色手动去色的一个过程，不仅是去红眼，其他部分的颜色都能够实现去色的效果。例如，使用"红眼工具"单击人物嘴唇的红色部分，可以看到原本红润的色泽变成黑白效果，如图5-106所示。

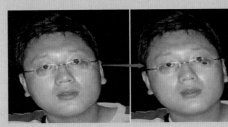

图5-105　使用"红眼工具"单击去红眼

图5-106　"红眼工具"的去色功能

5.6 图像的局部修饰

对于数码照片的快速修复，除了使用修复画笔工具组进行图像修补外，还需要一些局部修饰工具手动添加特殊效果和色调。在Photoshop中进行局部修饰的主要有"模糊""锐化""涂抹"工具及"减淡""加深""海绵"工具，通常根据图像的实际情况，需要选择多种工具进行修复和局部修饰，才能达到最终的效果。

5.6.1 模糊工具

"模糊工具"可以将图像中相邻的像素颜色通过涂抹的方式进行融合，从而产生模糊和平滑的效果。图像的局部模糊，可以使清晰的主体更加突出。使用方法非常简单，选择"模糊工具"，直接在图像中涂抹就可以产生模糊效果，涂抹次数越多，模糊效果越强，不同颜色像素之间的融合效果越明显，如图5-107所示。

图5-107 局部模糊效果

选择"模糊工具"，即可在属性栏中看到模糊工具属性，如图5-108所示。

图5-108 模糊工具属性栏

模糊工具参数设置

- 模式：用于设置图像模糊的绘画模式，包括"正常""变暗""变亮""色相""饱和度""颜色"和"明度"几种模糊方式。
- 强度：用于设置模糊的强度效果。
- 角度：用于设置画笔的角度。

5.6.2 锐化工具

"锐化工具"效果与"模糊工具"相反，其作用是使图像中相邻像素间的色彩对比度逐渐增强，不断使用"锐化工具"涂抹，会使像素颜色越来越倾向其纯色，因此，在使用"锐化工具"增加图像局部颜色对比效果时，不宜大量涂抹使用。在图像边缘处简单锐化处理，可以增强图像的轮廓效果，增加图像边缘的清晰度，如图5-109所示。

图5-109 使用锐化工具增加局部清晰度

选择"锐化工具"，即可在属性栏中看到锐化工具属性，如图5-110所示。

图5-110 锐化工具属性栏

5.6.3 涂抹工具

　　"涂抹工具"图标  是一根伸出的手指，表示该工具可以像手指涂抹液体油墨一样，将图像的颜色抹开，绘制特殊效果。使用"涂抹工具"在图像中按住鼠标并拖动即可实现涂抹效果，如图5-111所示。

图5-111　涂抹前后对比效果

　　选择"涂抹工具"，可以在属性栏中看到涂抹工具属性，如图5-112所示。

图5-112　涂抹工具属性栏

涂抹工具参数设置

- 模式：用于设置涂抹的绘画模式。
- 强度：用于设置涂抹力度。
- 手指绘画：该选项可以使用前景色对图像涂抹。图5-113是使用前景色为白色的手指绘画涂抹效果。

图5-113　手指绘画涂抹对比效果

5.6.4 减淡工具

　　"减淡工具"主要使用绘制的方式为图像局部降低颜色饱和度、对比度、明暗调。使用"减淡工具"在图像局部反复涂抹，可以使该处图像的颜色越来越淡，如图5-114所示。

图5-114　局部减淡效果

　　选择"减淡工具"，即可在属性栏中看到减淡工具属性，如图5-115所示。

图5-115　减淡工具属性栏

减淡工具参数设置

- 范围：用于设置修改的色调范围，包括"阴影""中间调"和"高光"。例如，选择"阴影"范围，则"减淡工具"只能修改图像中的暗部区域。
- 曝光度：用于设置减淡的强度大小。
- 保护色调：该选项可以保护色调不受"减淡工具"的影响。

5.6.5　加深工具

　　"加深工具"可以使用绘制的方式为图像局部颜色加深，使用该工具对图像局部反复涂抹，该处颜色会逐渐加深，使用方法与"减淡工具"相同，效果相反，如图5-116所示。

图5-116　在玩偶的眼睛、嘴部进行局部加深

　　选择"加深工具"，即可在属性栏中看到加深工具属性，其参数设置与"减淡工具"相似，如图5-117所示。

图5-117　加深工具属性栏

5.6.6　海绵工具

　　"海绵工具"就像一块海绵一样，对图像中的颜色进行吸收或释放，主要表现在减少或增加图像局部的色彩饱和度。选择"海绵工具"，可以在属性栏中看到海绵工具属性，如图5-118所示。

图5-118　海绵工具属性栏

海绵工具参数设置

- 模式：用于设置绘制区域的饱和度改变方式，包括"去色"和"加色"两种方式。使用"去色"模式会逐渐降低图像局部颜色的饱和度；使用"加色"模式会不断增加图像局部的饱和度。图5-119为海绵工具对画面的加色和去色效果。
- 流量：用于设置"海绵工具"绘制的流量，流量越大，加色或去色的效果越明显。
- 自然饱和度：该选项可以防止颜色饱和度过大而产生的溢色。

图5-119　海绵工具的"加色"模式和"去色"模式

5.7　拓展训练

第6章

图层的编辑与应用

在数字图像设计中，图层是一个非常重要的部分，它可以帮助用户将图像内容独立划分，对每个图层的内容单独进行编辑，同时又可以作为整体的一部分，实现图像合成的最终效果。本章将讲解图层有关的知识。

■ 知识点导读：
- 图层的原理和图层面板
- 图层的基本操作
- 图层组的编辑
- 图层的合并
- 图层混合模式、图层样式的应用
- 智能对象图层

6.1 图层概述

6.1.1 图层的原理

图层是Photoshop图像处理的核心，是由像素或形状等元素构成的，通过上下叠加的方式组成整个图像，形象地说就像是绘制了图像或文字等元素的透明玻璃，按照一定的顺序叠放在一起，自上向下看到最终的效果，如图6-1所示。

每一个图层都对应着一层玻璃，如果玻璃上没有任何元素，是完全透明的，则这个图层是一个透明的空图层；当图层中有图像像素或者文字、矢量图形等特殊元素时，则可以通过对某个图层的编辑而修改单一元素，不会影响其他图层。如图6-2所示，改变阴影图层的不透明度，可以得到真实的阴影效果。

图6-1　图层原理

图6-2　改变阴影图层的不透明度

6.1.2 图层面板

图层的编辑可以通过"图层"菜单或"图层"面板来执行。其中，"图层"面板常用于编辑图层，包括普通图层、文字图层和调整图层等多种类型的图层，并提供各种编辑图层的命令，如图6-3所示。

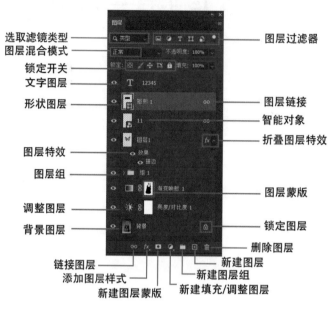

图6-3 "图层"面板

"图层"面板中的参数设置

- 选取滤镜类型/图层过滤器："选取滤镜类型"可以使"图层"面板按类型显示对应图层；"图层过滤器"可以根据"选取滤镜类型"进行第二次筛选，如在"选取滤镜类型"下拉列表中选择"效果"选项，在"图层过滤器"中显示的内容就变成"斜面和浮雕""描边""内阴影""内发光""光泽""叠加"等样式类型，如图6-4所示。

- 图层混合模式：用于设置当前图层中图像与下面图层的混合效果。图6-5是将图层01的"图层混合模式"设置为"强光"时的效果。

图6-4 选取滤镜类型/图层过滤器

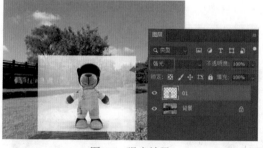

图6-5 强光效果

- 锁定：可以将图层某些特性进行锁定。如图6-6所示，对图层全部锁定后，使用画笔等绘图工具时会弹出"无法使用画笔工具"的警告。

- 不透明度：用于设置当前图层的不透明效果。

- 填充：用于设置当前图层像素的填充效果，该填充值对图层样式没有作用。

- 链接图层：用于链接多个图层，对其同时移动和编辑。
- 添加图层样式：用于为图层中的图像设置各种特殊样式效果，如"斜面和浮雕""投影""外发光"等。如图6-7所示，图层中添加了"光泽"和"外发光"效果。

图6-6 全部锁定图层　　　　　　　　图6-7 添加图层样式

- 新建图层蒙版：为图层添加图层蒙版，使其部分画面显示。
- 新建填充/调整图层：为图层添加填充或调整图层，填充图层可以在图层中添加"纯色""渐变"和"图案"；调整图层可以添加各种调色效果图层。
- 新建图层组：可以将多个图层进行编组，便于同类图层的管理。
- 新建图层：可以添加一个新的普通图层。
- 删除图层：可以删除当前所选图层。

6.2 图层的基本操作

在Photoshop中编辑合成图像时，图层是非常重要的组成部分，熟悉图层的基本操作对于用户来说是非常实用且必要的。

6.2.1 新建图层

新建图层有两种方法：一是直接单击"图层"面板中的按钮，可以在当前图层上方新建一个空图层，如图6-8所示。二是执行菜单"图层">"新建">"图层"命令或按快捷键Ctrl+Shift+N，打开"新建图层"对话框，在其中进行设置后，单击"确定"按钮，就可以在当前图层上面新建一个空图层，如图6-9所示。

图6-8 新建图层　　　　　　　　图6-9 "新建图层"对话框

新建图层参数设置

- 名称：用于命名新图层。
- 使用前一图层创建剪贴蒙版：勾选该复选框，新建图层时会自动使用前一个图层创建剪贴蒙版。

- 颜色：用于设置该新建图层在面板中的颜色，主要作用是在颜色上和其他图层区分。图6-10是将"颜色"设置成黄色时"图层"面板中的效果。

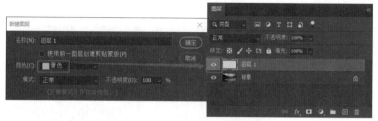

图6-10　设置颜色为黄色

- 模式：用于设置新建图层的图层混合模式。
- 不透明度：用于设置新建图层的不透明效果。
- 正常模式不存在中性色：当模式中除了"正常""溶解""实色混合"等几种不存在中性色的模式以外，该选项可以使用，并以50%灰色填充该图层，如图6-11所示。

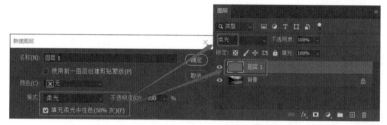

图6-11　填充柔光中性色(50%灰)

PS小讲堂

如果用户要从外部添加一个图像到当前图像中，有以下两种方法。

- 在Photoshop中同时打开两个图像，使用"移动工具"将源图像拖入目标图像中，形成一个新的普通图层，如图6-12所示。

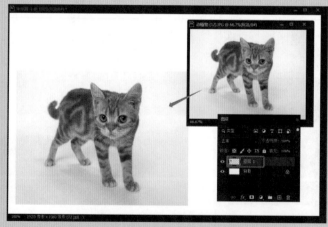

图6-12　导入图像

- 从Photoshop以外的文件夹直接将图片素材导入Photoshop图像中，可以直接按住鼠标左键将外部图像素材拖入Photoshop中，或者执行菜单"文件">"置入嵌入对象"命令，都会以一个智能对象图层的方式添加到图像中，如图6-13所示。

图6-13　外部文件夹导入素材

6.2.2　选择图层/更改图层顺序

在Photoshop中选择图层主要有4种方法，用户可以根据实际的操作需要，使用不同的图层选择方法快速、便捷地选择需要的图层。

1. 选择图层的4种方法

- 在"图层"面板中直接选择：直接在"图层"面板中切换选择，适用于选择特定名称的图层。
- "自动选择"复选框：勾选"移动工具"中的"自动选择"复选框，可以直接在图像的不同图层中直接单击切换，适用于单独位置出现的图层或图层组，但有时容易错选。
- 右键选择：选择"移动工具"，在图像中右击，并在弹出的图层选项中选择相应的图层，适用于多个图层叠加在一起时。
- 配合Ctrl键选择：按住Ctrl键，可以直接选择对应的图层，适用于图层较多且操作较为频繁的情况。

如图6-14所示，在"背景"图层上新建3个图层，每个图层中绘制不同形状和颜色的图形，使用选择图层的几种方法，可以对不同图层实现自由切换选择。

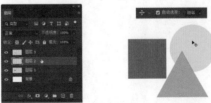

1.在"图层"面板中直接选择图层　2.勾选"自动选择"复选框

2. 调整图层顺序

当文件中包含多个图层时，就会出现图层重叠的情况，此时调整好图层的顺序显得尤为重要。在"图层"面板中调整图层顺序的方法比较简单，直接在"图层"面板中选择需要调整的

3.右击选择图层　　4.按住Ctrl键直接选择图层

图6-14　选择图层的4种方法

图层，按住鼠标左键使其变成一个"拳头"图标时，可以向上或向下拖动调整该图层的顺序位置，如图6-15所示。执行菜单"图层">"排列"命令，也可以将图层的顺序位置进行移动变化，如图6-16所示。

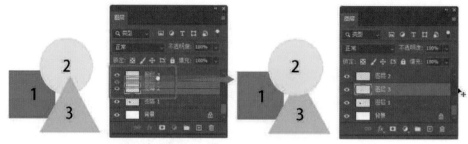

图6-15　调整图层2的位置顺序

图6-16　"图层"菜单中的图层排列

6.2.3　链接图层

单击"图层"面板中的"链接图层"按钮■可以将多个图层链接起来，同时移动或者变换形状。使用方法是按住Ctrl键将需要链接的多个图层同时选中，单击"链接图层"按钮■，就可以在所选图层的后面出现■图标，此时使用"移动工具"对其中的任意图层进行移动，或使用"自由变换路径"命令(快捷键Ctrl+T)进行形状变换，这些链接过的图层都会一同进行调整，如图6-17所示。

6.2.4　隐藏/显示图层

在每个图层的最左方都有一个可见性■图标，作用是"隐藏/显示图层"，它可以在图像中隐藏或显示图层，而不影响图层本身的存在，如图6-18所示。

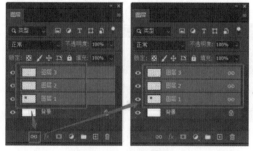

图6-17　链接图层

图6-18　显示/隐藏图层

6.2.5　重命名图层

新建的图层默认的名称都是"图层1"等按序排列的，外部导入的图层通常以图像或图层原来的名称命名。用户可以通过双击图层名称或者执行菜单"图层">"重命名图层"命令的方式，来修改图层名称，如图6-19所示。

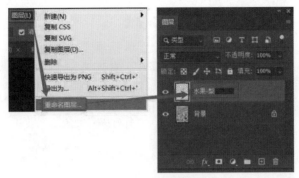

图6-19　重命名图层

6.2.6　复制图层

在图层的基本操作中，用户经常需要对某一图层复制副本并对副本图层进行编辑，这样可以保留原图层不变。复制图层时，可以执行菜单"图层">"复制图层"命令，在打开的"复制图层"对话框中进行设置，即可为当前所选图层创建副本图层，如图6-20所示。

图6-20　"复制图层"对话框

复制图层参数设置

- 复制：被复制的当前图层名称。
- 为：复制的副本图层名称。
- 文档：复制到Photoshop打开的图像文件中。默认为当前所在的文件，"新建"为复制到一个新建的图像文件。
- 画板：当文件为画板时，该项可以使用，类型可以选择"画布"或者"画板"，如图6-21所示。
- 名称：当文件为"新建"时可以使用该项，该项可以对图层新建文件命名。

复制图层的另外一种快捷方法是将当前所选图层拖动至"新建图层"按钮上，即可在该图层上方创建一个副本图层。还可以直接按快捷键Ctrl+J，为当前图层直接创建一个副本图层，如图6-22所示。

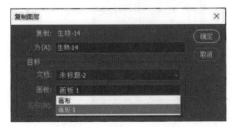

图6-21　复制图层到画板

图6-22　快捷复制图层的方法

　　"复制CSS"和"复制SVG"命令是基于编程语言(XML)的图像复制形式。CSS是代码的修饰属性，在代码中使用，也就是说用户为图形添加的图形样式属性可以直接添加到代码中。SVG(可缩放矢量图形)是基于可扩展标记语言(XML)，用于描述二维矢量图形的一种图形格式，如图6-23所示。

图6-23　"复制CSS"和"复制SVG"命令

6.2.7　删除图层

　　在Photoshop中删除图层时，通常采用的方法是选中该图层后，按Delete键进行删除，也可以在选中该图层后右击，在弹出的快捷菜单中选择"删除图层"命令，即可完成图层的删除，如图6-24所示。

　　还有一种方法是执行菜单"图层">"删除"中的"图层"或"隐藏图层"命令进行删除，其中，"图层"是指删除当前所选图层，"隐藏图层"是指删除图像文件中的所有隐藏图层，如图6-25所示。

图6-24　快捷菜单删除图层

图6-25　删除图层命令

6.2.8　栅格化图层

　　有些由文字或者图形创建的矢量图层在调整色彩、执行滤镜效果时，必须要转换成由像素构成的普通图层。矢量图层转换成普通图层时，可以右击该图层，在弹出的快捷菜单中选择"栅格化***"命令，即可将文字、图形或图层样式进行栅格化处理，如图6-26所示。矢量图层在使用滤镜效果时，也会自动弹出对话框，提示用户是否进行栅格化或者转换为智能对象，用户也可以直接单击栅格化，将图层转换为普通图层使用，如图6-27所示。

图6-26　栅格化矢量图层

图6-27　矢量图层使用滤镜时的提示对话框

6.2.9　调整图层的填充和不透明度

图层的填充，是指当前图层实际图像的不透明度，调整填充数值，只影响图像的不透明度，对图层样式没有影响。如图6-28所示，将图层的"填充"值设置为0%，图层中的图像不透明度为100%，但"内发光"和"投影"的图层样式却没有任何影响。图层的不透明度，是指当前图层的透明程度，在调节时，会影响该图层中的所有效果，如图6-29所示。

图6-28　"填充"为0%

图6-29　"不透明度"为20%

6.2.10　来自图层的画板/画框

Photoshop专门针对Web或UX设计人员提供了适用于多种用途的画板或画框，通过对画板预设的选择，可以满足设计师对不同设备的网站或应用程序的界面设计。

选择当前要编辑的图层，执行菜单"图层">"新建">"来自图层的画板"/"来自图层的画框"命令，或者在"图层"面板中选择当前图层并右击，选择快捷菜单中的"来自图层的画板"/"来自图层的画框"命令，如图6-30和图6-31所示。

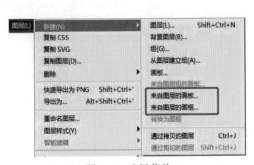

图6-30　选择菜单

图6-31　图层快捷菜单

"来自图层的画板"命令可以使图层中的图像效果按照画板的设定进行裁剪比例并调整大小，并可以根据"预设"选择的画板大小以适应不同应用界面的要求，如图6-32所示。

图6-32　使用"iPhoneX"的画板预设设置画板大小

"来自图层的画框"命令可以将图层中的图像直接放置在设定好宽度和高度的画框中，如图6-33所示。

图6-33　使用"来自图层的画框"命令为图层设定画框

6.3　编辑图层组

Photoshop中的图层组可以非常便捷地对图层进行归类管理，通过"移动工具"对组的操作，可以实现图层组的统一移动或编辑；使用"移动工具"对图层操作时，可以对组内的任一图层进行操作，如图6-34所示。

图6-34　使用"移动工具"对组进行移动

6.3.1　新建图层组

在Photoshop的"图层"面板中，单击■按钮，可以新建一个图层组，如图6-35所示；执行菜单"图层">"新建">"组"命令，打开"新建组"对话框，同样可以在"图层"面板中创建一个新的图层组，如图6-36所示。

图层组的作用是对图层进行分组和统一管理，用户在使用时，可以先按住Ctrl键将需要编组的图层选中，再新建组，可以直接将图层编组，如图6-37所示。单击组前面的▶按钮，可以收缩或展开图层组，双击"组名称"，可以为组重命名，如图6-38所示。

图6-35 在面板中新建图层组

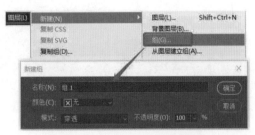

图6-36 通过菜单新建图层组

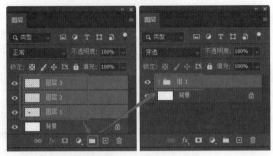

图6-37 直接将图层编组

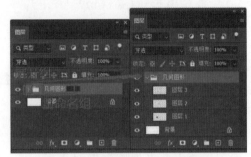

图6-38 展开图层组、重命名图层组

将组外的图层拖入组内，或将组内的图层拖出组外，则可以将图层移入或移出图层组，如图6-39和图6-40所示。

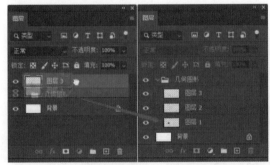

图6-39 将图层移入图层组

图6-40 将图层移出图层组

6.3.2 复制图层组

图层组在重复多次使用时可以通过复制和二次修改的形式来完成，复制图层组可以通过菜单命令和"图层"面板操作的方式来实现。执行菜单"图层">"复制组"命令，打开"复制组"对话框，设置完成后单击"确定"按钮，即可复制当前图层组，如图6-41所示。

在"图层"面板中选择图层组，按快捷键Ctrl+J，或者按住鼠标左键将图层组拖动至"新建图层"按钮上，也可以复制该图层组，如图6-42所示。

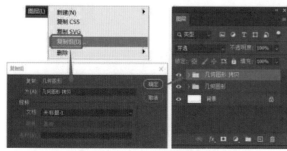

图6-41　通过"图层"菜单复制图层组

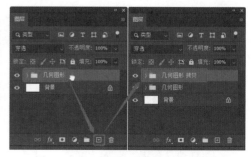

图6-42　在"图层"面板中复制图层组

6.3.3　删除图层组/取消图层编组

删除图层组的操作基本与删除图层一致，都可以通过执行菜单"图层">"删除">"组"命令，或选中图层组后按Delete键，或直接将该图层组拖动至 🗑 按钮进行删除，如图6-43所示。

当用户不需要对图层编组时，可以取消图层编组。取消图层编组也很简单，可以执行菜单"图层">"取消图层编组"命令，或在"图层"面板的当前

图6-43　通过"图层"菜单或"图层"面板删除图层组

图层组中右击，选择快捷菜单中的"取消图层编组"命令即可，如图6-44所示。

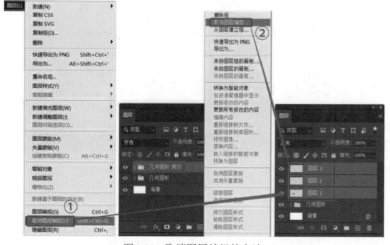

图6-44　取消图层编组的方法

实例6-2　植物图鉴九宫格

操作步骤　　实例视频

6.4　图层合并

当图像各图层设置调整完成，但是图层数量过多时，可以将图层进行合并。图层合并可以减少图像文件大小，但合并后的图层不能再重新拆分。

6.4.1 拼合图像

执行菜单"图层">"拼合图像"命令，或在"图层"面板中选择任意图层并右击，在快捷菜单中选择"拼合图像"命令，都可以将图层进行拼合。拼合图像是将所有可见图层拼合成一个图层，隐藏的图层合并时则被删除，如图6-45所示。

图6-45 拼合图像

6.4.2 向下合并图层

向下合并图层可以只将当前图层与下一层图层合并成一个图层，而不影响其他图层，合并图层的快捷键为Ctrl+E，如图6-46所示。

图6-46 向下合并图层

6.4.3 合并可见图层

当图像文件中有隐藏的图层不希望被合并，可以使用快捷菜单中的"合并可见图层"命令将所有显示的图层合并成一个图层，而隐藏的图层不被合并，具体操作如图6-47所示。

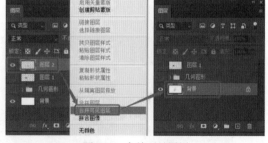

图6-47 合并可见图层

6.4.4 盖印图层

盖印图层可以将图像文件中所有的图层都合并到一个新的图层中，原来已有的图层不变。使用快捷键Ctrl+Shift+Alt+E，即可实现盖印图层，如图6-48所示。

图6-48 盖印图层

实例6-3 水中舞蹈

操作步骤　　实例视频

6.5 图层混合模式

图层混合模式是Photoshop中非常强大的一种颜色混合工具，它可以调整图层之间像素的混合效果。当图层为背景图层时不能使用，但当其他图层在使用如"正片叠底""柔光""滤色"等混合模式与其他图层混合时，会产生各种意想不到的变化效果。

6.5.1 图层混合模式简介

Photoshop中的图层混合模式与"画笔工具"的颜色混合模式类型一样，都包括27种混合模式，图层混合模式与颜色混合模式不同的是，它只在相应的图层中更改模式效果，对其他图层的图像没有任何干预，方便用户随时进行更改调整。图层混合模式根据功能分为6大类、27种混合模式，如图6-49所示。

6大类混合模式介绍

- 组合模式类：该类模式包括"正常"和"溶解"，"正常"模式是无特殊效果模式，"溶解"模式可以将图层中的像素溶解为点状化效果，当图层不透明度发生改变时可以产生明显的效果。
- 变暗模式类：该类模式可以将图像混合后变暗，亮色变得较深，通过混合可以将白色部分隐去，使主体完全融合到图像中，如图6-50所示。

图6-49 图层混合模式

图6-50 使用变暗模式中的"线性加深"图层混合效果

- 变亮模式类：该类模式与变暗模式类效果相反，混合后当前图层的深色变得较亮。
- 饱和度模式类：该类模式在使用时可以产生高反差饱和度效果，在混合时50%灰度会消失，亮度高于50%灰度的像素会增加图层亮度，亮度低于50%灰度的像素会降低图像颜色。
- 差集模式类：该类模式可以将当前图层与下方图层的图像颜色进行差集比较，在颜色相同区域内变为黑色，不同颜色叠加部分变为反相色。
- 颜色模式类：该类模式可以将色彩混合分为"色相""饱和度""颜色"和"明度"4种模式，使用其中一种模式为下面的图层添加颜色效果。

PS小讲堂

在调整图层组时，也可以切换使用图层混合模式。默认的图层组混合模式为"穿透"，效果同图层中的"正常"模式。如果切换为其他模式，图层组中的所有图层作为一个整体图层，效果同图层混合效果一样，如图6-51所示。

图6-51　图层组混合模式效果

6.5.2　应用图层混合模式

Photoshop中的图层混合模式根据不同类别和下方图层叠加使用，分别可以产生不同的混合效果，其中下层叫作"基色或基层"，上层叫作"混合色或混合层"，最后的效果叫作"结果色"。现在以一个天空的图像和一个玩偶的图像作为基层和混合素材进行演示说明，如图6-52和图6-53所示。

图6-52　基层图像

图6-53　混合层图像

1. 组合模式类

● 正常：当不透明度为100%时上下图层不产生混合变化，当不透明度低于100%时，混合层以透明效果显示基层像素，如图6-54所示。

● 溶解：当图像中有半透明或者不透明度降低时，可以看到图像转为溶解的颗粒状效果，如图6-55所示。

图6-54　正常模式不透明度为50%的效果

图6-55　溶解模式不透明度为50%的效果

2. 加深模式类

● 变暗：该模式可以使上面的混合层与下面的基层对应位置的像素比较，取较暗的像素作为结果色，较亮的像素被较暗的部分替代，如图6-56所示。

- 正片叠底：该模式仿照油墨印刷效果，层层叠加，最终结果色比变暗模式更暗，但更为自然、和谐，上下两图层的像素会有透明过渡与夹杂。图层正片叠底合成时可以过滤白色，上下图层中黑色重合区域颜色替换，使图像变得更暗，如图6-57所示。

- 颜色加深：通过加深对比度使基层变暗，得到混合色效果，白色混合后颜色不变，如图6-58所示。

图6-56　变暗模式　　　　　　　图6-57　正片叠底模式　　　　　　图6-58　颜色加深模式

- 线性加深：通过减小亮度影响基色，与混合色混合后使结果色变暗，但明暗过渡较平滑，如图6-59所示。

- 深色：同"变暗"模式相似，图层混合后，结果色取自两图层中通道之和较小的一个，结果色不产生新颜色，但会出现断层不连续现象，如图6-60所示。

图6-59　线性加深模式　　　　　　　　　　　图6-60　深色模式

3. 变亮模式类

- 变亮：与"变暗"模式相反，混合层与基层中对应位置像素进行比较，较亮的颜色表现为结果色，较暗的像素被替代，比混合色亮的像素保持不变，如图6-61所示。

- 滤色：该模式与"正片叠底"模式相反，图像中基色与混合色结合起来产生更浅的第3种颜色作为结果色，如图6-62所示。

- 颜色减淡：通过降低对比度使基色变亮，再与混合色混合，效果比较生硬。该模式在与黑色混合时不发生变化，但基色上的暗部区域会消失，如图6-63所示。

图6-61　变亮模式　　　　　　　　图6-62　滤色模式　　　　　　　图6-63　颜色减淡模式

- 线性减淡(添加)：与"线性加深"模式相反，通过添加混合色亮度使基色变浅，再与混合色混合得到更亮的结果色，明暗过渡较为平滑，如图6-64所示。
- 浅色：与"深色"模式相反，两个图层混合后，混合色中较暗区域被基色替换显示最终的结果色，效果接近"变亮"模式，结果色不产生新颜色，但会出现断层不连续现象，如图6-65所示。

图6-64 线性减淡(添加)模式

图6-65 浅色模式

4. 饱和度模式类

- 叠加：指图像的基层与混合层叠加产生的一种中间色，基色比混合色暗的颜色会加深，比混合色亮的颜色会被遮盖，图像内高亮和阴影部分保持不变，因此对黑色或白色像素使用"叠加"模式时，结果色没有变化，如图6-66所示。
- 柔光：该模式可以使结果色产生一种柔光照射的效果，与"叠加"模式相似，反差较小，显示基层细节，如图6-67所示。

图6-66 叠加模式

图6-67 柔光模式

- 强光：该模式可以产生一种强光照射的效果，效果与"叠加"模式相似，结果色反差大，更能显示混合层细节，如图6-68所示。
- 亮光：结果色由混合层控制，通过增加或减少对比度来加深或减淡颜色。如果混合色比50%灰色亮，可以通过增加对比度使结果色变亮；如果混合色比50%灰色深，则通过减少对比度使结果色变暗，如图6-69所示。

图6-68 强光模式

图6-69 亮光模式

- 线性光：结果色由混合层控制，通过减少或增加亮度来加深、减淡颜色。如果混合色比50%灰色亮，可以通过增加亮度使结果色变亮；如果混合色比50%灰色深，则通过减少亮度使结果色变暗，如图6-70所示。

- 点光：结果取决于混合层，通过替换颜色达到效果。如果混合色比50%灰色亮，将替换比混合色暗的像素，不改变比混合色亮的像素；如果混合色比50%灰色暗，则替换比混合色亮的像素，不改变比混合色暗的像素，如图6-71所示。

- 实色混合：由基层与混合层像素相加产生的结果色，是最生硬的混合模式，只会根据像素分布得到较少的颜色，没有虚实变化和过渡，如图6-72所示。

线性光模式

图6-70　线性光模式

点光模式

图6-71　点光模式

实色混合模式

图6-72　实色混合模式

5. 差集模式类

- 差值：用图像中基色、混合色的亮度值进行相减对比，结果为负值则结果色为反相效果，两层之间差距越大，图像越亮，如图6-73所示。

- 排除：效果与差值相似，但具有高对比度和低饱和度的特点，结果比差值模式的效果更柔和、明亮，如图6-74所示。

差值模式

图6-73　差值模式

排除模式

图6-74　排除模式

- 减去：该模式用基色减去结果色，在基色暗调处颜色变化较小，但在亮度处会将混合色以反相显示，如图6-75所示。

- 划分：该模式使结果色出现高反差效果，同时显示更多基色细节，混合色越暗使基色变亮的能力越大，反差越明显，如图6-76所示。

减去模式

图6-75　减去模式

划分模式

图6-76　划分模式

6. 颜色模式类

- 色相：该模式使用混合色的色相进行着色，使饱和度和亮度值保持不变，如图6-77所示。
- 饱和度：该模式作用方式与"色相"模式相似，只使用混合色的饱和度值进行着色，基色的色相值和亮度值保持不变，如图6-78所示。

图6-77　色相模式

图6-78　饱和度模式

- 颜色：使用混合色的饱和度和色相值同时对图像着色，可使基色的亮度值保持不变，如图6-79所示。
- 明度：与"颜色"模式相反，使用混合色的明度值对图像着色，保持基色的饱和度与色相值不变，如图6-80所示。

图6-79　颜色模式

图6-80　明度模式

6.6　图层样式

图层样式是Photoshop中的一项图层处理功能，是图像后期处理中达到预设效果的一种重要手段。图层样式功能强大，能够快速、便捷地制作各种投影、质感及光影的图像特效，Photoshop中的"样式"面板还提供了各种图层样式的预设效果，为用户对图像的特效调整提供了非常便捷的操作模式，节省了大量的制作时间。

6.6.1　图层样式对话框和样式面板

图层样式在"图层"面板下方的工具区，通常对于制作图标、按钮、文字等图层起到各种特殊效果的作用，单击"图层"面板中的"添加图层样式"按钮，就可以看到各种图层样式的选项，如图6-81所示。需要注意的是，背景图层不能使用图层样式，如果需要的话，可以将其转换为"图层0"。

图6-81　为图层1添加图层样式效果

1. "图层样式"对话框

单击图层样式中的任意一项，都可以打开"图层样式"对话框。在该对话框中，从左边区域可以选择需要设置的样式类型，其中"样式"是系统提供的图层预设样式，"混合选项"是常规选项，该参数影响到图层的整体效果；中间区域可以对选中的样式类型进行参数调整；右侧区域可以看到"预览"效果及"确定"或"取消"图层样式编辑，也可以将编辑完成的图层样式保存到"新建样式"中，如图6-82所示。

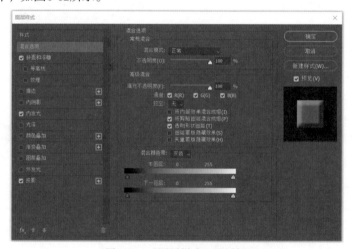

图6-82　"图层样式"对话框

PS小贴士

在"图层样式"对话框左侧区域勾选各个复选框，可以在图层中开启该项样式效果，但只有该项显示为浅灰色，中间区域的参数设置才会转到该项样式中，每项参数设置效果可以参考右侧区域中的预览效果，同时也可以参考实际图像中的图层样式效果。

2. "样式"面板和"图层样式"对话框中的"样式"

执行菜单"窗口">"样式"命令，打开"样式"面板。"样式"面板是Photoshop为用户提供的诸多设置完成的图层样式预设效果。用户可以根据需要挑选不同的样式类型。默认的预设样式分为"基础""自然""皮毛""织物"4个文件夹，打开文件夹可以看到其中的预设样式，双击该预设，可以将该预设直接加载到当前图层的图案中。如果老用户习惯了原来的样式预设，还可以通过单击"样式"面板右上角的■图标，在弹出的面板菜单中选择"旧版样式及其他"命令，就可以添加"2019样式"和"所有旧版默认样式"，如图6-83所示。

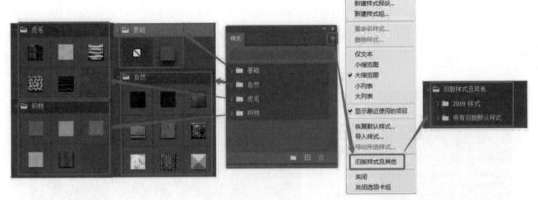

图6-83 "样式"面板

现在的"图层样式"对话框中也增加了"样式"选项，内容同"样式"面板一样，这样更加方便用户直接提取预设中的样式，再根据具体效果进行微调，如图6-84所示。

Photoshop预设样式加上旧版样式，一共有300多种不同的样式，根据不同的样式组别列举了常见的一些样式效果，如图6-85所示。

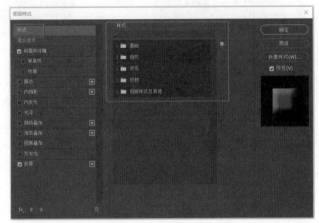

图6-84 "样式"选项

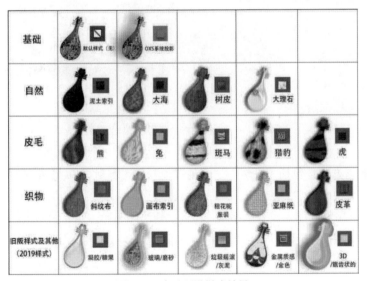

图6-85 常见预设样式效果

实例6-5 利用"混合颜色带"制作海市蜃楼

操作步骤　　实例视频

6.6.2 斜面和浮雕

"斜面和浮雕"样式可以为图层中的图像添加立体浮雕凹凸效果，选择图层样式中的"斜面和浮雕"，就可以打开"图层样式"对话框，并直接设置"斜面和浮雕"参数设置，如图6-86所示。

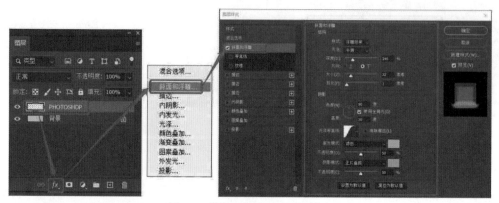

图6-86　使用"斜面和浮雕"样式

斜面和浮雕参数设置

- 结构：用于设置"斜面和浮雕"的结构效果，具体结构类型如下。
  - 样式：用于设置图像边缘斜面和浮雕的效果，包括"外斜面""内斜面""浮雕效果""枕状浮雕""描边浮雕"5种样式，其中"描边浮雕"效果在使用时，需要为图层添加"描边"样式，浮雕效果仅作用于描边部分。图6-87和图6-88为原效果和"斜面和浮雕"效果。

图6-87　原效果　　　　　　　　　　图6-88　"斜面和浮雕"样式类型

- 方法：指浮雕边缘的雕刻方法，包括"平滑""雕刻清晰"和"雕刻柔和"3种方式，如图6-89所示。
- 深度：用于设置斜面与浮雕的深度，参数值越大，图像立体感越明显，如图6-90所示。

图6-89　不同雕刻方法效果

图6-90　不同深度效果

- 方向：用于设置斜面浮雕的光照方向，影响高光和阴影的位置。
- 大小：用于设置斜面浮雕的阴影大小。
- 软化：用于设置斜面浮雕的柔和程度，参数越大效果越平滑，参数越小效果越生硬，如图6-91为选择"浮雕效果"样式，并设置不同"方向""大小"和"软化"值的效果。

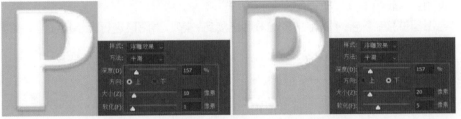

图6-91 不同"方向""大小"和"软化"值的效果

- 阴影：用于设置斜面浮雕的阴影效果。
  - 角度：用于设置光源的光照角度以得到阴影的方向。
  - 高度：用于设置光源的高度。
  - 使用全局光：该选项可以统一整个图层样式中的光照角度和高度效果。
  - 光泽等高线：用曲线方式设置光泽效果，曲线变化越大，光泽效果对比越明显，越趋近金属光泽，如图6-92和图6-93所示。

图6-92 "光泽等高线"各种类型

图6-93 常见等高线和高对比度等高线效果

- 消除锯齿：用于消除设置光泽等高线中出现的锯齿，使效果平滑。
- 高光模式：用于设置高光部分的混合模式，模式类型与图层混合模式相同。
- 阴影模式：用于设置阴影部分的混合模式，模式类型与图层混合模式相同。

- 等高线："等高线"位于"斜面和浮雕"样式的选项中，专门针对图层的浮雕效果进行曲线效果设置，各选项设置与"斜面和浮雕"中的效果一致，如图6-94所示。

图6-94 等高线

- 纹理：用于设置斜面浮雕纹理效果，如图6-95和图6-96所示。

图6-95 "斜面和浮雕"的"纹理"参数

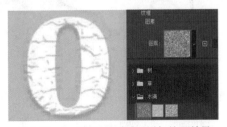

图6-96 为"斜面和浮雕"添加纹理效果

- 图案：可以设置应用于斜面和浮雕效果的图案。
- 贴紧原点：用于设置图案创建的起点紧贴图像原点。
- 缩放：用于调整图案的缩放比例。
- 深度：用于设置应用图案纹理的深浅程度。
- 反相：反转图案纹理的正反方向。
- 与图层链接：该项可以将图案与图层链接到一起，当图层进行调整操作时，图案纹理也会随之改变。

6.6.3 描边

图层样式中的"描边"样式，可以使用"颜色""渐变"和"图案"等效果对图层边缘添加描边，其效果同"编辑"菜单中的"描边"命令相似。其优势在于，使用图层样式中的"描边"，可以对描边效果进行反复修改调整，从而达到整体的协调统一。图6-97为图层样式中的"描边"样式参数设置。

描边参数设置

- 大小：用于设置描边线条的宽度大小，单位是像素。
- 位置：用于设置描边的位置，有"外部""内部"和"居中"3种模式，如图6-98所示。

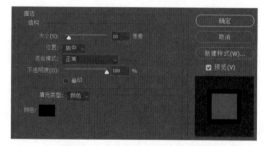

图6-97 "描边"样式参数设置

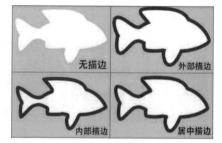

图6-98 描边位置

- 混合模式：用于设置描边的颜色混合模式，效果同"图层混合模式"一致。
- 不透明度：用于设置描边效果的不透明效果，可使描边效果变浅。
- 叠印：用于设置是否根据当前图层内容混合描边的开关。
- 填充类型：包括"颜色""渐变"和"图案"3种类型，如图6-99所示。

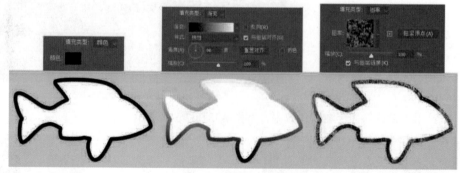

图6-99 描边填充类型

6.6.4 内阴影

"内阴影"可以使图层中图像的内部产生阴影效果，模拟内陷的效果。"内阴影"样式的面板参数比较简单，效果同"投影"样式相似，如图6-100所示。

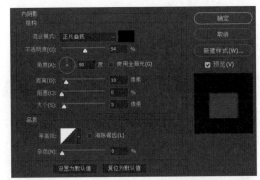

图6-100 "内阴影"参数设置

"内阴影"的默认混合模式为"正片叠底",阴影的大小距离等靠调节"距离""阻塞"和"大小"参数实现。其中,"阻塞"用于调节阴影边缘的渐变程度,"大小"用于调节阴影边缘的大小和虚化程度。按住鼠标左键拖动,可以在图像中手动移动、调整"内阴影"的大小距离,如图6-101所示。

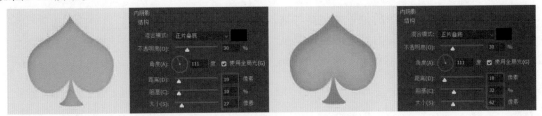

图6-101 "阻塞"和"大小"值变化对比

6.6.5 内发光

"内发光"样式可以为图层中的图像边缘内侧添加发光效果,其参数设置如图6-102所示,常见的"内发光"效果如图6-103所示。

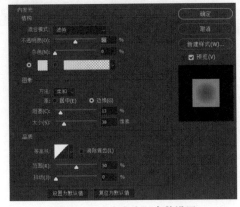

图6-102 "内发光"参数设置

图6-103 内发光效果

在"内发光"参数中,很多参数和其他样式的参数相似,但也有一些独有的参数设置,这里就专门针对这些独有的参数进行介绍。

内发光参数设置

● 杂色:将内发光效果设置成显示噪点的杂色效果,如图6-104所示。

- 设置发光颜色/编辑渐变："设置发光颜色"可以设置一种颜色的发光效果；选择"编辑渐变"，可以将发光效果设置成渐变模式，调整方式同"渐变编辑器"一致，如图6-105所示。

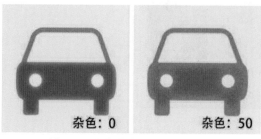

图6-104　添加杂色"内发光"效果

图6-105　内发光设置"发光颜色"或"渐变发光"

- 方法："内发光"方法分为"柔和"与"精确"两种，主要影响内发光的边缘软硬效果。
- 源：指控制发光光源的位置，包括"居中"和"边缘"，即内发光的光源是从中心发出还是从边缘发出，如图6-106所示。

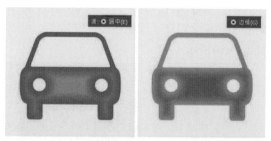

图6-106　发光源"居中"和"边缘"效果

6.6.6　光泽

　　"光泽"样式可以为图层内容添加光滑和内阴影的效果，使图像内部产生特殊光泽效果，"光泽"的参数设置如图6-107所示。

　　"光泽"的参数设置比较简单，混合模式常用"正片叠底"，常用"等高线"来调整各种不同效果的光泽，如图6-108所示。

图6-107　"光泽"参数设置

图6-108　"光泽"样式中不同等高线和原图的对比效果

6.6.7　颜色叠加

　　"颜色叠加"样式可以为图层中的图像混合入另一种颜色，最终得到混合后的颜色效果。该样式参数设置如图6-109所示。

　　用户可以通过设置"混合模式"和"颜色"

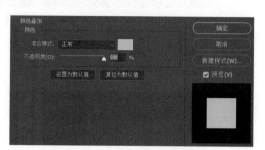

图6-109　"颜色叠加"参数设置

选择叠加方式和叠加颜色。不透明度的参数调整，决定颜色混合的量，如果不透明度为0%，体现为源图像效果；如果不透明度为100%，则完全显示新的颜色。图6-110是叠加不透明度为60%绿色后图像最终的效果。

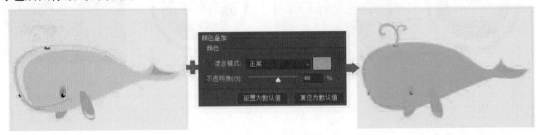

图6-110 颜色叠加效果

6.6.8 渐变叠加

"渐变叠加"样式可以为当前图层添加预设或自定义的渐变效果，使图层中的图像效果看起来更加生动、丰富。该样式参数设置如图6-111所示。

"渐变叠加"中的参数设置比较简单，"混合模式"与图层混合模式相同，"渐变""样式""角度"等参数同"渐变工具"，"缩放"可以调整渐变效果的缩放大小，如图6-112所示。

图6-111 "渐变叠加"参数设置

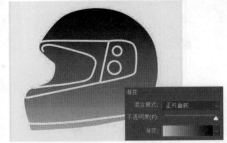

原图

图6-112 为图层添加"渐变叠加"样式

6.6.9 图案叠加

"图案叠加"和前几种效果相似，可以为图层叠加图案效果，通过选择图案和调整不透明度，设置图案叠加效果。图6-113为"图案叠加"样式参数设置，调整其中的"混合模式"和"不透明度"等参数，可以设置图案叠加时的混合效果。"与图层链接"复选框可以设置图案添加时对齐的位置，勾选该复选框后，单击"贴紧原点"按钮，图案与图层链接对齐；取消勾选该复选框，再次单击"贴紧原点"按钮，图案与图层链接取消，图案与画布对齐，如图6-114所示。

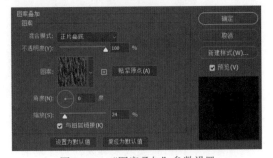

图6-113 "图案叠加"参数设置

图6-114　"与图层链接"对齐图案方式

6.6.10　外发光

"外发光"样式可以让图层的图像边缘外侧产生发光效果。图6-115为"外发光"参数设置。

在"外发光"参数中，多数参数和其他样式中一样。其中，"杂色"可以将外发光颜色变为颗粒状，如图6-116所示；"方法"用于设置外发光边缘的发光软硬效果，分为"柔和"和"精确"，效果如图6-117所示；"等高线"可以增加颜色或不透明度的变化，"范围"和"抖动"用于设置应用等高线的范围和随机化发光的渐变，如图6-118所示。

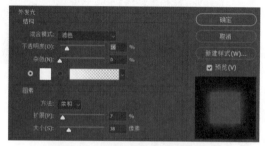

图6-115　"外发光"参数设置

图6-116　"杂色"值为50%的外发光效果

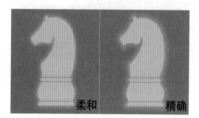

图6-117　"柔和"和"精确"方法效果

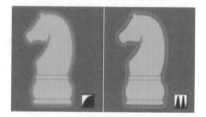

图6-118　不同等高线的效果对比

6.6.11　投影

"投影"是图层样式中应用最多的样式之一，它可以为图层中的图像添加阴影效果，常用于为图像增加立体感或突出于背景之中。"投影"样式的参数设置如图6-119所示。

在"投影"样式中，用户可以使用鼠标在图层中移动阴影控制投影的角度和距离，如图6-120所示。

在"投影"样式的其他参数中，"扩展"可以将投影边缘在"大小"参数范围内扩展，"扩展"值越大，向外扩展效果越大，边缘越清晰，反之越模糊，如图6-121所示。

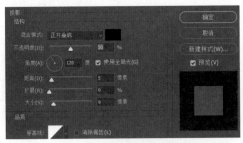

图6-119 "投影"参数设置

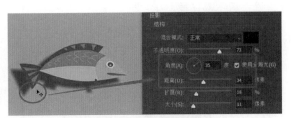

图6-120 鼠标移动投影效果

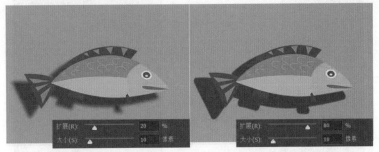

图6-121 "扩展"值为20%和80%的投影效果

"等高线"可以设置投影的不透明度变化，切换不同的等高线，会出现不同效果的投影，如图6-122所示。"杂色"可以使投影效果产生杂点，如图6-123所示。

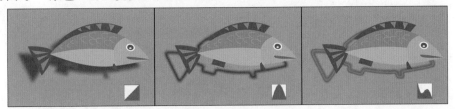

图6-122 不同"等高线"的投影效果

杂色：0%　　　　杂色：100%

图6-123 在投影中添加"杂色"效果

实例6-6 使用图层样式制作折纸文字效果

操作步骤　　　实例视频

6.7 智能对象图层

Photoshop中的智能对象，是包括位图图像或矢量图形中的图形图像数据的图层。智能对象图层可以保留图像的源信息及所有原始特性，对图像执行非破坏性编辑。缩放、旋转、斜切等自由变形都不会将原始图像的数据丢失或降低品质。但若对像素进行编辑，如使用"画笔工具"添加像素或"橡皮擦工具"擦除像素等操作，则不能直接操作，需要先将智能对象图层栅格化，转换为普通图层才能进行。

所以，智能对象图层对应的是普通图层。智能对象图层可以任意对图像进行放大缩小的操作，不会对图像本身的清晰度产生破坏性影响，可以保护图层像素，有利于后期的还原性操作。

普通图层可以直接对像素进行编辑操作，放大缩小等操作后会影响图像的质量，改变图像的清晰度，操作后不易还原。

6.7.1 创建智能对象图层

创建智能对象图层时，执行菜单"图层">"智能对象">"转换为智能对象"命令，或者在"图层"面板中选中该图层并右击，选择快捷菜单中的"转换为智能对象"命令，可以将普通图层转换为智能对象图层，如图6-124所示。

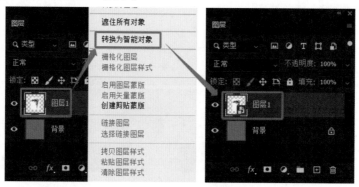

图6-124 创建智能对象图层

当用户从Photoshop软件外部文件夹中拖入图像素材合成入现有图像时，外部图像会直接创建成智能对象图层，如图6-125所示。

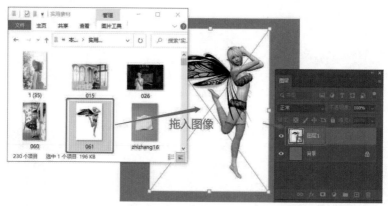

图6-125 外部图像加入时自动变成智能对象图层

6.7.2 将智能对象转换为普通图层

智能对象对图层中的像素有保护作用，但如果需要对图像中的像素进行编辑时，则需要将其转换为普通图层。具体操作时，执行菜单"图层">"栅格化">"智能对象"/"图层"命令，或者直接在图层上右击，在弹出的快捷菜单中选择"栅格化图层"命令，即可将智能对象图层转换为普通图层，如图6-126所示。

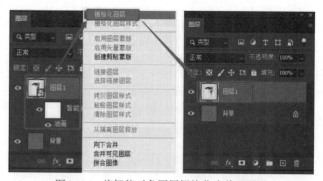

图6-126 将智能对象图层栅格化为普通图层

6.7.3 编辑智能对象图层

当普通图层转换为智能对象图层后，使用 "滤镜" 等效果时，会在该图层下方创建类似于图层样式的"智能滤镜"图层，添加的各种滤镜效果都会在智能滤镜图层中显示，并通过 开关控制是否启用，双击后面的 图标可以打开该滤镜对话框，重复对其编辑，如图6-127所示。

图6-127　智能对象添加滤镜

6.8　拓展训练

实例6-7　为油画中的人物换脸

操作重点　实例视频

实例6-8　制作丁达尔光效

操作重点　实例视频

实例6-9　制作人物走出屏幕效果

操作重点　实例视频

第 **7** 章

蒙版和通道

对于平面设计师来说，蒙版和通道一直是处理图像时非常重要的工具。蒙版是图像合成时经常用到的，可以在合成图像时防止删除、擦除等破坏原图的操作，还可以通过调整画笔浓淡的形式，达到完美的图像合成效果，常用于人物海报和商业平面广告中。通道对于新手而言，一直是平面处理中的难点，其原理和作用其实不难理解。通道是一种存储图像颜色信息和选区信息的容器，在图像修饰和抠图方面的作用非常大。

因此，用户掌握蒙版和通道的原理和使用方法，有利于对图像进行高级合成和处理。本章结合实例，主要针对蒙版、通道的原理和应用方法进行详细介绍。

■ 知识点导读：
- 蒙版的概念和原理
- 图层蒙版的原理及应用
- 矢量蒙版和剪贴蒙版的使用
- 通道的概念和通道面板
- 通道的应用与混合通道

7.1 认识蒙版

7.1.1 什么是蒙版

蒙版是一种特殊的图像保护方式，被蒙版的区域可以被保护起来，不能进行编辑和绘制。但蒙版和常规的选区有所不同，常规的选区内是用户即将操作编辑的范围，选区外是被保护的图像内容；而蒙版的绘制区域正好相反，默认是图像保护的范围，可以免于图层编辑时对其操作。

在Photoshop中有4种蒙版，用户可以根据不同用途选择使用如下不同类型的蒙版。
- 快速蒙版：用于手动绘制选区，配合黑白画笔工具可以快速地创建不规则形状的选区，使用快捷键Q进行选区和快速蒙版模式的切换。这一部分第3章中学习过。
- 图层蒙版：通过蒙版中的灰度信息确定图层中图像的显示部分。
- 矢量蒙版：通过路径或矢量图形确定图层中的显示区域。
- 剪贴蒙版：可以通过一个对象的形状确定其他图层中图像的显示范围。

7.1.2 蒙版的原理

用户在使用Photoshop进行图像处理时，常常需要保护一部分图像不受各种操作处理的影响。蒙版可以控制图像的显示和隐藏部分，而不是永久地改变图像，它就像是在原有的图层上加了一层特殊的黑白颜色的布，用于遮挡图层中的部分画面。

蒙版主要以黑色、白色或灰色来控制显示或隐藏的程度，蒙版中的黑色可以将该区域图像完全隐藏，白色区域显示正常图像，灰色区域显示半透明的图像，也可以在蒙版中使用黑白灰颜色的画笔，来增加或减少画面的显示程度。当对整个图层进行调色、填充等操作时，蒙版中的黑色区域就会隐藏该操作效果。图7-1是为图层1添加蒙版后的显示效果。

图7-1 图层蒙版显示图像部分画面

7.2 蒙版属性

在"属性"面板中，可以显示"图层"面板中各选项的参数属性，选择"图层蒙版"或"矢量蒙版"，在"属性"面板中就可以看见其蒙版属性，如图7-2所示。矢量蒙版属性和图层蒙版属性基本相同，如图7-3所示。

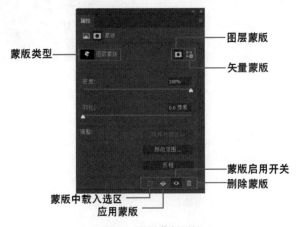

图7-2 图层蒙版属性

图7-3 矢量蒙版属性

蒙版属性参数设置

- 蒙版类型：显示选择的蒙版类型。
  - 图层蒙版：该项可以为图层添加一个图层蒙版。
  - 矢量蒙版：该项可以为图层添加一个矢量蒙版。
- 密度：用于调整蒙版整体的透明度。
- 羽化：用于调整蒙版边缘的柔化值，羽化值增大，蒙版边缘柔化效果越大。
- 选择并遮住：该项可以打开"选择并遮住"对话框，对蒙版边缘进行修改，尤其对带有毛发边缘的图像效果更好。
- 颜色范围：该项可以打开"颜色范围"对话框，通过颜色容差值确定蒙版范围。
- 反相：该项可以将蒙版的色调进行反转，蒙版保护区域和原来正好相反。

图7-4是在"调整"选项中选择3种方式的效果。

图层蒙版　　选择并遮住　　颜色范围　　反相

图7-4　不同的调整效果

7.3　图层蒙版

7.3.1　认识图层蒙版

图层蒙版常用于多个图像的合成，通过覆盖在图层上方的一个256色的灰阶图像，最终起到遮盖部分图像的作用。图层蒙版中白色部分为不透明区域，看到的是当前图层的内容；黑色部分为透明区域，可以透过当前图层看到下一个图层中的内容；灰度部分为半透明区域，灰度越深，透明效果越明显，如图7-5所示。

图7-5　图层蒙版效果

形象地说，图层蒙版可以理解为在当前图层上附加一层玻璃，如果玻璃是完全透明的，可以显示全部图像；如果玻璃是黑色不透明的，可以隐藏图像。使用各种绘图工具在这种玻璃上填充黑白颜色，涂成黑色的部分，蒙版变为不透明，当前图层的图像被隐藏；涂成白色的部分，蒙版变为透明，可以看到当前图层中的图像。在蒙版填涂灰色则使蒙版变为半透明的玻璃，可以使上下两个图层叠加混合在一起显示，混合的程度由灰色的深浅和绘制的图案决定。

PS小贴士

蒙版是一种特殊的选区，但并不是像选区一样对选取内容进行操作，而是要保护蒙版区域不被操作。不处于蒙版范围的区域则可以进行编辑与处理。

7.3.2　编辑图层蒙版

在创建图层蒙版时有多种方式：一是先建立图层蒙版，再进行绘制，可以选中图层，单击"图层"面板中的"添加图层蒙版"按钮，使用颜色填充工具(如"画笔工具""油漆桶工具""渐变工具"等)绘制黑、白或灰色；二是先建立选区，再将其转换为图层蒙版，在当前图层中建立选区，然后单击"图层"面板中的"添加图层蒙版"按钮，将选区直接转换为图层蒙版，如图7-6所示。

图7-6　将选区转换为图层蒙版

进入图层蒙版后，用户可以对图层蒙版进行编辑，具体的编辑方法如下。

1. 停用/启用图层蒙版

对于添加完的图层蒙版，如果暂时需要停用或者重新启用，可以通过执行菜单"图层">"图层蒙版">"停用"/"启用"命令来操作，也可以通过快捷菜单来实现。选中图层蒙版并右击，选择快捷菜单中的"停用图层蒙版"命令即可停用图层蒙版；图层蒙版停用后，同样可以通过快捷菜单中的"启用图层蒙版"命令来恢复使用，如图7-7和图7-8所示。

图7-7　停用图层蒙版

图7-8　启用图层蒙版

2. 应用/删除图层蒙版

编辑完成的图层蒙版可以通过"应用"图层蒙版将其效果融合到图像中，而不需要的图层蒙版可以通过"删除"图层蒙版将其完全去除。执行菜单"图层">"图层蒙版">"应用"/"删除"命令，或者右击图层蒙版，选择快捷菜单中的"应用图层蒙版"/"删除图层蒙版"命令，可以将图层蒙版应用到当前图层中，或者删除不需要的图层蒙版，如图7-9所示。

3. 取消图层蒙版链接

每个图层创建的图层蒙版，会自动与图像建立链接，移动当前图层，图层蒙版也会随着移动变化。如果想取消这种关联，可以执行菜单"图层">"图层蒙版">"取消链接"命令，或者直接在"图层"面板中单击图层和图层蒙版之间的按钮，即可取消图层链接，再次单击该位置，可以激活图层链接，如图7-10所示。

图7-9　删除图层蒙版

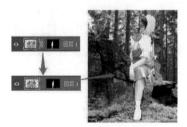

图7-10　图层蒙版链接按钮

4. 转移/替换图层蒙版

如果图层蒙版使用的图层错误，可以通过"转移"或"替换"图层蒙版的方式，将图层蒙版放在合适的图层中。"转移图层蒙版"可以将图层蒙版中的缩略图移动至目标图层中，即可将原图层中的图层蒙版"转移"至目标图层中，如图7-11所示。

当图像中有两个图层且都有图层蒙版时，"替换图层蒙版"可以将一个源图层中的图层蒙版替换到目标图层的图层蒙版中。具体操作时可以直接将源图层中的图层蒙版拖动至目标图层的图层蒙版中释放，此时会弹出是否替换图层蒙版的提示对话框，单击"是"按钮即可完成图层蒙版的替换，如图7-12所示。

图7-11 转移图层蒙版

图7-12 替换图层蒙版

7.4 矢量蒙版

矢量蒙版也被称为路径蒙版，是将矢量图形带入蒙版中的一类蒙版，可以进行任意放大、缩小而不改变图像质量。使用矢量蒙版时，可以随时通过"钢笔工具"对形状进行修改，而且无论如何变化，都不会使图像失真。

7.4.1 创建矢量蒙版

为图层创建矢量蒙版，需要先使用"钢笔工具"在图层中绘制一条封闭的路径，再将其转换为"蒙版"模式，或为路径执行菜单"图层">"矢量蒙版">"当前路径"命令，即可使用这条路径创建一个矢量蒙版。还有一种简便的方法，在图像中创建路径后，按住Ctrl键，单击"图层"面板中的▣按钮，同样可以为当前图层创建一个矢量蒙版，如图7-13所示。

图7-13 创建矢量蒙版

7.4.2 编辑矢量蒙版

1. 停用/启用/删除/栅格化矢量蒙版

为图层创建矢量蒙版后，用户可以右击矢量蒙版的缩略图，在弹出的快捷菜单中选择"停用/删除/栅格化矢量蒙版"命令；对于已经停用的矢量蒙版，再次右击时，菜单中会变成"启用矢量蒙版"命令。"停用矢量蒙版"命令可以暂时使矢量蒙版不起作用，但仍保留矢量蒙版；停用矢量蒙版后如果需要再次启用，可以使用"启用矢量蒙版"命令。对于错误的或者不需要的矢量蒙版，可以使用"删除矢量蒙版"命令将其去除干净。"栅格化矢量蒙版"命令是将矢量蒙版转换为图层蒙版，蒙版的性质也由矢量图转换为位图形式。

执行菜单"图层">"矢量蒙版">"停用"/"启用"/"删除"命令，可以对矢量蒙版进行停用、启用和删除操作。另一种方法，可以直接通过"图层"面板中的快捷菜单实现，如图7-14所示。

2. 调整矢量蒙版的路径

创建完成的矢量蒙版，其显示范围是由创建的路径决定的，因此使用"路径选择工具"对矢量蒙版的路径进行编辑调整，即可改变矢量蒙版的形状；使用"钢笔工具"在矢量蒙版中绘制形状，可以增加矢量蒙版的矢量图形，如图7-15所示。

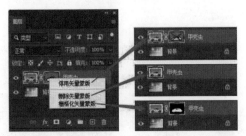

图7-14　矢量蒙版中的"停用""删除""栅格化"

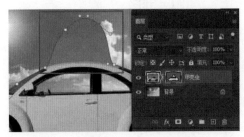

图7-15　调整路径改变矢量蒙版形状

3. 矢量蒙版属性

当用户为图像建立矢量蒙版后，可以通过"属性"面板设置其属性。单击该图层中的"矢量蒙版"缩略图，在"属性"面板中就会显示其属性设置，如图7-16所示。

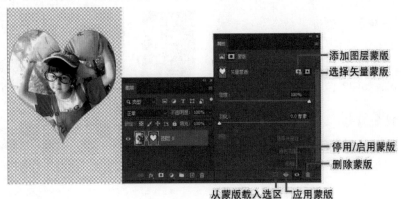

图7-16　矢量蒙版属性设置

4. 矢量蒙版属性参数设置

- 添加图层蒙版：继续为图像添加图层蒙版。
- 选择矢量蒙版：选择当前矢量蒙版参数设置。
- 密度：用于调整蒙版图像的显示密度，密度值降低可以显示一定比例的蒙版图像。
- 羽化：为矢量蒙版边缘添加羽化像素。
- 从蒙版载入选区：可以从矢量蒙版的图形中载入选区。
- 应用蒙版：将矢量蒙版的最终效果应用到当前图层。

图7-17是为矢量蒙版设置不同"密度"和"羽化"值的效果。

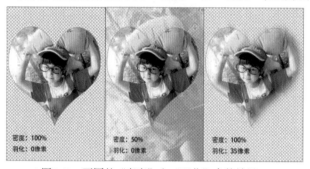

图7-17　不同的"密度"和"羽化"参数效果

7.5　剪贴蒙版

剪贴蒙版是Photoshop中常用的一种蒙版形式，主要通过下方图层中的形状来限制上方图层中图像的显示区域，达到类似剪贴画的效果。

7.5.1　创建剪贴蒙版

创建剪贴蒙版时，需要图像中至少包括基底层和内容层两个图层，内容层用于显示剪贴蒙版的图像和颜色，图层位置置于上方；基底层用于显示剪贴蒙版的形状，位置置于内容层下方，如图7-18所示。

图7-18　剪贴蒙版的"内容层"和"基底层"

选择上方的内容层并右击，在弹出的快捷菜单中选择"创建剪贴蒙版"命令，或者按快捷键Ctrl+Alt+G，即可为该图像创建剪贴蒙版；按住Alt键在两图层之间单击，也可以为图层创建剪贴蒙版，如图7-19所示。

图7-19　创建剪贴蒙版

7.5.2　编辑剪贴蒙版

剪贴蒙版创建后，可以通过编辑剪贴蒙版的方式，实现剪贴蒙版的"释放""添加"和"移除"的功能。

1. 释放剪贴蒙版

用户在创建剪贴蒙版之后，可以随时通过"释放剪贴蒙版"功能将剪贴蒙版取消，恢复原图层效果。执行菜单"图层">"释放剪贴蒙版"命令，将内容层释放成为普通图层；也可以右击上方的内容层，在快捷菜单中选择"释放剪贴蒙版"命令，完成剪贴蒙版的释放；另外，还可以通过快捷键完成释放，按住Alt键，将鼠标放置在内容层和基底层两层之间，当光标变为时单击，即可完成释放剪贴蒙版，如图7-20所示。

图7-20　按住Alt键释放剪贴蒙版

2. 添加剪贴蒙版

当图像中已经存在了剪贴蒙版，将一个普通图层拖动移动至基底层上方时，该图层会直接转换成内容层，即为图像添加新的剪贴蒙版，如图7-21所示。

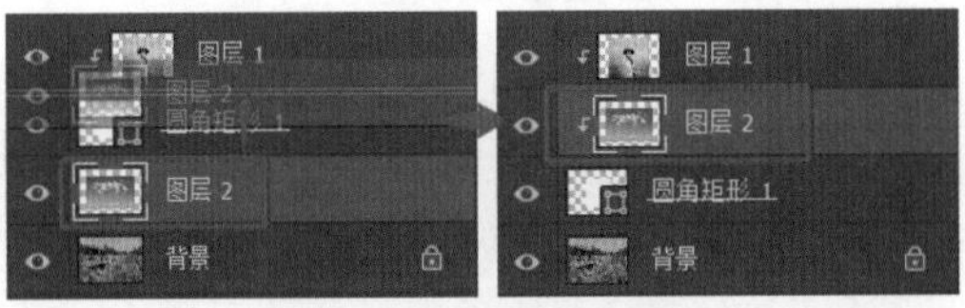

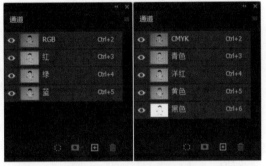

图7-21　添加剪贴蒙版

3. 移除剪贴蒙版

与“添加剪贴蒙版”相反，将内容层拖动移除基底层到其他位置，即可移除剪贴蒙版。

实例7-4　使用剪贴蒙版为咖啡杯添加图案

操作步骤　实例视频

7.6　了解通道

7.6.1　认识通道

Photoshop中的通道是存储不同颜色信息的灰度图像，每个图像在创建或存储时就已经决定了其颜色信息通道的数量。例如，RGB颜色模式包括RGB混合通道、R通道、G通道和B通道4种信息通道，其中除了混合通道以外的3种颜色信息通道都是灰度图像，根据不同通道在图像中所占比重不同，形成了深浅不同的灰度图像。图7-22为不同颜色模式的RGB和CMYK图像的颜色通道。

图7-22　不同模式的颜色通道

Photoshop中还有一些特殊的通道，用于存储不同的图像信息，如Alpha通道和专色通道。Alpha通道主要用于存储选区，它将选区按选择范围存储为灰度图像，通过Alpha通道创建和存储灰度图像信息，以便随时调用这些选取，专用于处理和保护图像的某些画面。专色通道也叫专业油墨，是一种预先混合好的专色油墨，指定用于印刷的附加印版，可以补充印刷色(CMYK)油墨，如亮橙色、金属银、荧光绿、凹凸版等，呈现更加丰富的色彩。

7.6.2　通道面板

在Photoshop中，“通道”面板中显示了图像的所有通道，对于常见的混色模式，如RGB、CMYK、Lab图像，第一个都是混合通道，其次是各分量通道。打开一张RGB模式的图像素材，在Photoshop右侧的面板区选择“通道”面板，或者执行菜单“窗口”>“通道”命令，打开“通道”面板，如图7-23所示。

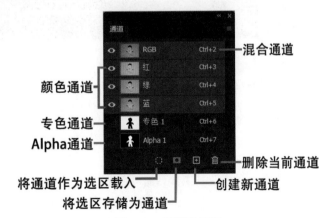

图7-23　“通道”面板

"通道"面板参数设置

- 混合通道：用于预览各分量通道混合后的最终效果。
- 颜色通道：用于记录各分量颜色的通道信息。
- 专色通道：用于保存专色油墨的通道信息。
- Alpha通道：用于保存和随时调用选区的通道。
- 将通道作为选区载入：单击该按钮，可以将通道信息转换为选区。
- 将选区存储为通道：该项可以以将选区转换为Alpha通道。
- 创建新通道：创建一个空白的Alpha通道。
- 删除当前通道：该项可以删除混合通道以外的任意通道。

7.7 应用通道

7.7.1 调整颜色通道实现图像调色

颜色通道起到的作用类似于电影胶片，用于记录图像的浓淡影调和颜色信息。不同颜色模式的图像颜色通道的数量和作用都不尽相同。例如，RGB图像包括混合通道及红、绿、蓝3个颜色通道，CMYK图像包括混合通道及青、洋红、黄、黑通道，Lab图像包括混合通道、明度通道和a、b通道，这几种颜色模式的特点是都以混合通道来显示图像最终效果。

当用户单独对某一种颜色通道进行色调调整时，就可以使混合后的图像颜色发生变化。如图7-24所示，素材"自然-01"的颜色偏红，若想使图像增加冷调效果，可以选择"通道"面板中的"蓝"通道，增大"色阶"的中间值，重新单击图像的"混合通道"，即可看到增加了冷调的最终效果。

图7-24　调整图层"蓝通道"增加其冷调效果

7.7.2 创建Alpha通道存储并调用选区

前面提到过，Alpha通道专门用于存储选区，创建Alpha通道的方法有如下3种。

- 方法1：使用"通道"面板中的"创建新通道"按钮。在"通道"面板中单击"创建新通道"按钮，可以在"通道"面板中创建一个空的通道，此时通道颜色为黑色，使用黑白灰色的填充绘制工具，即可在通道中绘制图像，如图7-25所示。
- 方法2：使用"通道"面板菜单。单击"通道"面板右上角的■按钮，在弹出的面板菜单中选择"新建通道"命令，打开"新建通道"对话框，调整参数后单击"确定"按钮，也可以为图像创建一个空的通道，如图7-26所示。

图7-25 "通道"面板中的
"创建新通道"按钮

图7-26 面板菜单中的"新建通道"命令

- 方法3：通过选区生成Alpha通道。当图像中存在选区时，单击"通道"面板中的"将选区存储为通道"按钮，就可以为图像创建一个以选区内容为图像的Alpha通道，用于存储当前选区，当用户需要时可以随时调用该选区，如图7-27所示。

图7-27 通过选区创建Alpha通道

PS小讲堂

通道的作用是存储选区，如果用户需要该选区时，可以使用如下方法调用。

- 使用快捷键："通道"面板的形式与图层很像，前面都有一个图像缩略图，按住Ctrl键，单击通道缩略图，就可以快速调用通道内的选区，如图7-28所示。
- 使用"通道"面板中的工具按钮：选中Alpha通道，在"通道"面板中单击"将通道作为选区载入"按钮，就可以调出该通道内的选区，如图7-29所示。

图7-28 使用快捷键调用选区

图7-29 "将通道作为选区载入"调用选区

7.7.3 创建专色通道

专色通道是用于特殊印刷的一种技术，在印刷包装品时常会使用专色印刷技术制作大面积底色。在"通道"面板右上角的菜单中选择"新建专色通道"命令，打开"新建专色通道"对话框，其中可以设置专色通道的"名称""颜色"和"密度"。新建的专色通道缩略图是白色的，如图7-30所示。

图7-30　新建专色通道

当图像中存在选区时，新建的专色通道会像Alpha通道一样，建立一个带有选区内容的专色通道，选区内容显示为当前油墨特性下的颜色效果，如图7-31所示。

图7-31　新建带选区的专色通道

当图像中的选区已经被Alpha通道存储时，可以通过双击Alpha通道的缩略图来激活"通道选项"对话框，在其中选择"专色"单选按钮，单击"确定"按钮，就可以将当前的Alpha通道转换成一个专色通道，选区以外的部分被油墨颜色覆盖，如图7-32所示。

图7-32　通过Alpha通道创建专色通道

7.7.4　复制和删除通道

在编辑通道时，很多操作与图层操作相同，如复制通道和删除通道。复制通道常用的方法有如下3种。

方法1：选择当前通道并右击，弹出"复制通道"命令。

方法2：选择当前通道，单击"通道"面板右上角的■按钮，在弹出的面板菜单中选择"复制通道"命令。

方法3：用鼠标左键按住当前通道，将其拖入"通道"面板中的"创建新通道"按钮上松开，如图7-33所示。

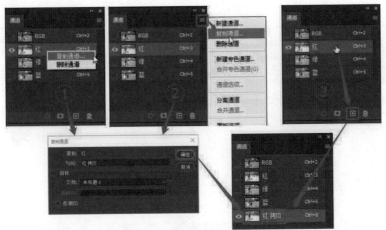

图7-33　复制通道的3种方法

当多余的通道需要删除时，可以通过选择快捷菜单中的"删除通道"命令和"通道"面板菜单中的"删除通道"命令来实现。单击"通道"面板中的"删除当前通道"按钮🗑，在打开的对话框中单击"确定"按钮也可以删除通道。不过更简单的删除方法是选中当前通道，直接将其拖入🗑按钮上。

7.7.5　分离与合并通道

Photoshop中的通道是由不同的灰度图像组成的，每个图像的通道是可以进行分离与合并的。分离的通道可以形成以通道命名的灰度图像，反之，不同的灰度图像也可以合并成一个复合通道模式的图像。分离通道可以将原彩色图像的各通道图像拆分出来，得到多个灰度图像。具体操作是在"通道"面板中单击▤按钮，在弹出的面板菜单中选择"分离通道"命令，即可将原图像拆分成组成不同通道的灰度图像，如图7-34和图7-35所示。

图7-34　为RGB模式图像分离通道

图7-35　RGB图像分离出来的3个灰度模式图像

分离出的灰度图像还可以通过"合并通道"来合并成一个彩色图像。具体操作为：选择其中一个灰度图像，单击"通道"面板右上角的▤按钮，在弹出的面板菜单中选择"合并通道"命令，打开"合并通道"对话框。其中，"模式"可以选择合并的颜色模式，如"RGB颜色"模式的通道数量是3个；"CMYK颜色"模式需要混合4个灰度图像，通道数量为4个；"Lab颜色"模式包括明度、a、b这3个通道；"多通道"模式则可以设置2～3个通道的灰度图像。选择合适的颜色模式后，单击"确定"按钮，就会打开合并通道的第2个对话框，在其中选择指定颜色通道的灰度图像，单击"确定"按钮，就可以将多个灰度图像合并成一个具有特定颜色模式的彩色图像，如图7-36所示。

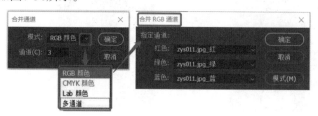

图7-36　合并通道

7.8　通道的混合

　　利用Photoshop中的通道不仅可以为图像存储选区、调整颜色及混合图像，还可以通过一些图像命令实现通道的综合应用，得到更加高级的混合效果或者生成新的通道、蒙版、图层或选区。能够对通道进行混合应用的图像命令主要有"计算"和"应用图像"，执行"图像"菜单中的命令，可以针对图像或其中的通道进行特殊效果的实现。需要注意的是，通道混合时，必须将两个图像的宽度、高度和分辨率进行统一，否则就无法识别到另一个图像。

7.8.1　应用图像

　　"应用图像"是Photoshop中专门针对图像或某个通道进行混合的命令，它可以将源图像中的图层或通道与目标图像的图层或通道进行混合，形成新的图像效果。使用两张完全等大的图像，选择其中一张，执行菜单"图像">"应用图像"命令，打开"应用图像"对话框，如图7-37所示。

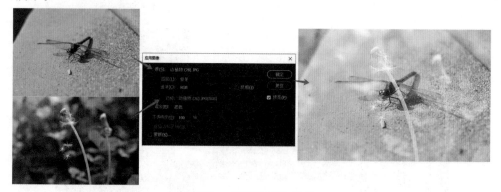

图7-37　"应用图像"效果

应用图像参数设置

- 源：用于设置与目标图像混合的源图像。
- 图层：选择源图像中用于混合的图层，如果没有多余的图层，则只显示源图像的背景图层。
- 通道：选择源图像中用于混合的通道，包括混合通道和单通道。
- 目标：当前使用"应用图像"的图像文件。
- 混合：两个图像或通道的混合模式，类型与图层混合模式相同。
- 不透明度：用于调整图像混合的不透明度效果。

- 保留透明区域：勾选该复选框，可以将混合效果只作用在图层的不透明区域内。
- 蒙版：勾选该复选框，会显示出蒙版的相关内容，可以指定某一图像的图层或通道作为蒙版作用在图像最终效果上。

7.8.2 计算

Photoshop中的"计算"命令可以将一个或多个图像的某个通道混合起来，得到新的图像、通道或选区。需要注意的是，"计算"只能针对大小一致的图像进行通道计算。执行菜单"图像">"计算"命令，打开"计算"对话框，如图7-38所示。

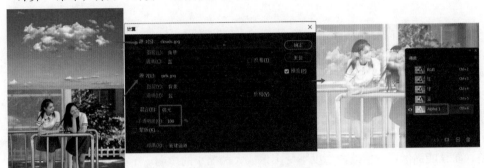

图7-38　两个素材进行"计算"得到混合的Alpha通道

计算参数设置

- 源1/源2(图层、通道)：用于选择参与计算的图层及通道。
- 混合：图层或通道进行混合计算的混合模式。
- 不透明度：用于控制图层或通道混合计算的程度。
- 蒙版：用于设置蒙版相关内容，方法如"应用图像"。
- 结果：用于设置计算结果的输出方式，包括输出为"新建文档""新建通道"和"新建选区"3种方式。

7.9 拓展训练

第 8 章

矢量图形绘制

矢量图也叫作面向对象的图形或绘图图形，是数学定义的一系列由点连接的线所构成的图形，以放大无失真，可随意绘制、填充、描边、编辑调控等特点而被广泛应用于UI(用户界面)、数字插画、图标、商业标志等设计领域。

Photoshop中有非常方便的矢量图形绘制工具，包括钢笔工具组和图形工具组。用户可以轻松绘制路径和形状，使用路径选择工具组中的工具可以对绘制的路径和形状进行编辑调整。掌握这几种矢量图形绘制工具，不仅可以帮助用户绘制矢量路径和图形，随时根据需要进行形状和色调的调整，而且能够保证图像的清晰度不受图像放大和缩小的影响。

本章主要讲解矢量图形绘制工具的使用和编辑技巧，以及"路径"面板的应用，以帮助用户能够随心所欲地进行矢量图形和图像的设计创作，满足各种设计领域的需要。

■ **知识点导读：**

- 矢量图形的类型，了解路径、形状的区别
- 钢笔工具的使用方法
- 路径的绘制和编辑方法
- 形状工具绘制几何图形的方法
- 制作自定义形状

8.1 矢量图形概述

虽然Photoshop的专长在于数码图像的调整，但钢笔工具、形状工具绘制的路径和矢量图形，也能够满足用户日常的设计需求。使用钢笔工具组可以绘制任意形状的路径，也可以创建各种不规则的带有颜色填充的形状；使用形状工具组则可以绘制"路径""形状"和"像素"填充的规则形状。

8.1.1 什么是路径

Photoshop中的路径是指使用钢笔工具或形状工具绘制的一段闭合或者开放的贝塞尔曲线轮廓，多用于自行绘制的矢量图形或者对某个图像进行精确抠图。创建路径后，该路径通常以临时工作路径的方式出现在"路径"面板中，路径不能被打印输出，可以保存在矢量图形格式或无压缩图像格式中，如图8-1所示。

路径的优势在于可以使用"钢笔工具"或"路径选择工具"进行重复修改，路径上的锚点可以切换成"贝塞

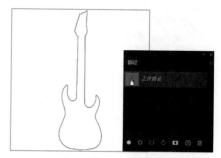

图8-1　路径和工作路径

尔""贝塞尔角点"和"角点"3种不同类型来调整路径曲线的形状，可以将路径修改成平滑曲线、带角度的曲线和直线的效果，配合相应工具和快捷键使用，用户在计算机上绘制不同类型的图形可以更加得心应手。如图8-2所示的3种路径锚点，在不同的矢量图形绘制中，显示出不同的作用。

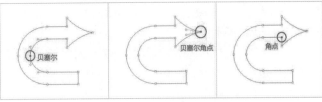

图8-2　路径中的锚点类型

8.1.2　路径、形状与像素

在Photoshop中，使用钢笔工具和形状工具绘制图形的时候，在其属性栏中可以选择"选择工具"模式，其中包括"路径""形状"和"像素"3种模式，分别对应不同的绘制方式，具体情况参见表8-1。

表8-1　矢量工具3种工具模式对比

工具类型	是否有路径	是否有新图层	是否矢量可修改	是否有颜色填充
路径	√	×	√	×
形状	√	√	√	√
像素	×	×	×	√

备注：√为是；×为否

3种工具模式分别如下。

- 路径：选择该模式，用户可以直接在图层中创建路径，不包含颜色信息，不能打印输出，绘制的路径形状会以工作路径的方式出现在"路径"面板中，可以随时通过矢量工具调整形状，以及使用"路径"面板进行路径的存储、选区的转换和矢量蒙版的添加等操作。在Photoshop中精确抠图时会经常用到。
- 形状：该模式可以在图像中绘制自带形状图层的任意形状，同时有颜色自动填充进形状中。使用矢量工具可以对其边缘的路径进行编辑，形状改变时填充区域会随之改变，使用"路径"面板可以对其形状路径进行编辑操作。其绘制的图形属于矢量图形，进行放大和缩小等操作后，填充区域不会出现模糊不清等失真效果。
- 像素：该模式属于图像绘制模式，绘制的图形不属于矢量图形，而是填充像素的图像模式。"像素"模式只有在使用"自定形状工具"时才能启用，用户可以在当前图层中绘制常用的几何图形或自定义图形。该模式没有路径，因此在"路径"面板中不会有路径存在。3种工具模式的绘制效果如图8-3所示。

图8-3　矢量工具3种绘制模式

8.2　钢笔工具绘制路径

8.2.1　钢笔工具

"钢笔工具"是Photoshop中专门用于绘制路径的工具，它具有精确、自由、编辑方便等诸多优点。钢笔工具组中包括"钢笔工具""自由钢笔工具""弯度钢笔工具""添加锚点工具""删除锚点工具"等，可以创建开放的、闭合的路径，还可以针对路径中锚点进行自由调整。"钢笔工具"的快捷键是P，切换3种不同的钢笔工具可以按快捷键Shift+P，如图8-4所示。

在钢笔工具组中，最为常用的是第一种"钢笔工具"，配合其工具属性和快捷键，可以对锚点进行自由调整。这里主要对"钢笔工具"的使用方法进行详细的讲解。

图8-4　钢笔工具组

8.2.2　绘制路径方法

使用"钢笔工具"创建路径之前，需要注意路径属性栏中的"橡皮带"复选框是否勾选，其决定了路径两个锚点之间是否有线连接，默认处于未勾选状态，因此，用户在第一次使用"钢笔工具"的情况下创建路径时看不到路径线条的走向。建议用户在使用"钢笔工具"创建路径时首先勾选"橡皮带"复选框，如图8-5所示。

图8-5　"橡皮带"复选框

使用"钢笔工具"绘制路径非常简单，常用的方法是选择"钢笔工具"后，按住鼠标左键以"点""拖""连"的方式创建"直线路径""曲线路径"和"闭合的路径"，具体方法如下。

- 创建直线路径：使用"钢笔工具"，分别在路径的"起始点"和"结束点"单击一次，就可以创建一条直线路径。按住Shift键同时创建直线路径，可以创建"水平""垂直"和"45度角"的路径线条。当完成创建时，按住Ctrl键在空白处单击，即可结束创建路径。直线路径的锚点都是角点类型，如图8-6所示。

图8-6　创建直线路径

- 创建曲线路径：创建曲线路径时，主要使用"拖"的方式。使用"钢笔工具"，单击创建第一个锚点，在第二个锚点处按下鼠标左键并沿曲线的切线方向拖动，将曲线拖出。按住鼠标左键拖出的路径即为曲线路径，如果单击创建下一个锚点，则可以切换创建直线路径，按住Ctrl键可以结束创建路径，如图8-7所示。

图8-7　创建曲线路径

- 闭合路径：完成路径创建时，在"起始点"处单击，即可形成一条闭合路径。如果要连接一条开放的路径，可以先按住Ctrl键激活路径，再分别单击路径首尾的两个锚点，即可将开放路径连接成闭合路径，如图8-8所示。

- 路径转换为选区：路径创建之后，通常需要将其转换成选区。按快捷键Ctrl+Enter，或单击属性栏中的"选区"按钮，即可快速将路径转换为选区，如图8-9所示。

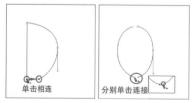

图8-8　闭合路径

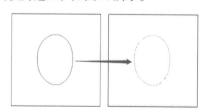

图8-9　将路径转换为选区

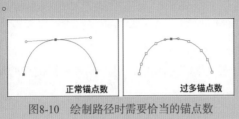

图8-10 绘制路径时需要恰当的锚点数

使用"钢笔工具"绘制路径时，应使用最少的点来实现最好的效果。例如，在一条有弧度的路径中，使用的点越少，需要调整的锚点就越少，曲度就越平滑，而创作的效率就越高，如图8-10所示。

8.2.3 自由钢笔工具

"自由钢笔工具"是根据光标所经过的区域建立的自由路径，可以创建比较自由、随意的路径和形状效果。使用"自由钢笔工具"创建路径时，只能创建闭合的路径，结束点会自动与起始点用直线相连，形成首尾闭合的完整路径或形状，此时路径上会自动创建一些锚点，如图8-11所示。

自由钢笔工具属性栏与钢笔工具属性栏功能相似(见图8-12)，但是也有一些独特的功能，下面进行介绍。

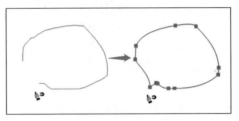

图8-11 使用"自由钢笔工具"创建自由路径

图8-12 自由钢笔工具属性栏

自由钢笔工具属性栏参数设置

- 选区：将创建的路径转换成选区，如图8-13所示。
- 蒙版：将创建的路径转换成矢量蒙版形式，如图8-14所示。

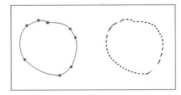

图8-13 将路径转换成选区

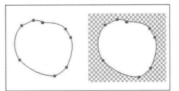

图8-14 将路径转换成矢量蒙版

- 形状：将路径转换为形状图层，用前景色填充形状，如图8-15所示。
- 磁性的：勾选该复选框，使用方法与"磁性套索工具"相同，如图8-16所示。

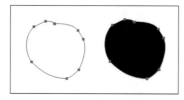

图8-15　将路径转换成形状图层

图8-16　使用磁性钢笔对图像边缘创建路径

- 路径选项：其中包括如下几个选项。
  - 曲线拟合：沿路径拟合贝塞尔曲线时允许的错误容差。
  - 磁性的：与属性栏中的"磁性的"复选框功能相同，可以设置磁性锚点的宽度、对比和频率。
  - 钢笔压力：使用绘图板压力以更改钢笔宽度。

8.2.4　弯度钢笔工具

　　"弯度钢笔工具"专门用于创建曲线路径，具有创作灵活、编辑方便的特点。对于创作平滑曲线的路径来说，该工具是非常高效和便捷的。使用"弯度钢笔工具"绘制曲线路径时，只需要使用鼠标左键在曲度关键位置单击，创建曲度锚点，创建下一个锚点时，前面会自动形成弧形路径。创建结束后按住Ctrl键单击结束点位置，便可以形成一条完整的曲线路径，如图8-17所示。

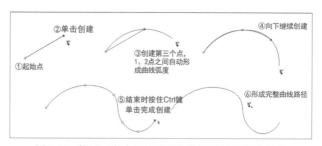

图8-17　使用"弯度钢笔工具"绘制曲线路径的技巧

PS小技巧

　　"弯度钢笔工具"创建的路径锚点都是平滑类型的锚点，创建过程中如果需要调节锚点，可以随时将鼠标放置在该锚点上调整位置和曲度，不需要任何快捷键的辅助。如果需要用到角点类型，可以按住Alt键，单击该锚点，即可将该锚点转换成角点，如图8-18所示。

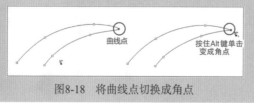

图8-18　将曲线点切换成角点

实例8-2　使用弯度钢笔工具进行精确抠图

操作步骤　　实例视频

8.3　编辑路径

　　矢量图形中路径最大的优点是可以随时进行编辑，通过使用路径的属性栏、调整路径锚点，可以对路径的形状和绘制效果进行设置。

8.3.1　路径属性栏

　　选择"钢笔工具"后，将"工具模式"设置为"路径"，就可以切换到路径属性栏，如

图8-19所示。

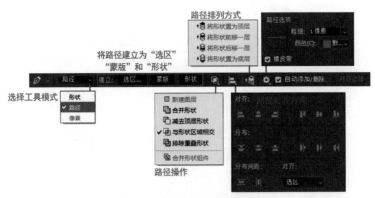

图8-19 钢笔工具的路径属性栏

路径属性栏参数设置

- 选择工具模式：矢量工具模式包括"形状""路径"和"像素"，"钢笔工具"只能选择前两种模式。

- 建立：将创建好的路径转换为"选区""蒙版"和"形状"，如图8-20所示。

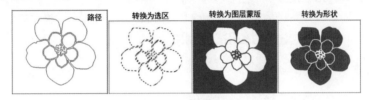

图8-20 创建各种路径

- 路径操作：可以使用矢量形状工具进行类似布尔运算的操作。例如，使用形状工具"新建图层"，或者在两个闭合路径中进行"合并""减去""相交""排除"形状的计算，以及使用"合并形状组件"将计算结果合并成一个组，具体操作如图8-21所示。

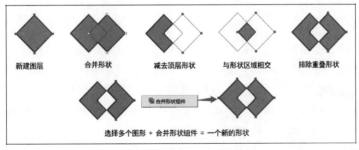

图8-21 路径操作的几种不同类型

- 路径对齐和分布：用于设置路径对齐和分布的方式。具体使用方法如下。

  - 对齐：如果在场景中需要对两个路径进行某个位置方向的对齐，按住Ctrl键或者使用"路径选择工具"将两个路径选中，此时可以选择"路径对齐方式"，对两个选中的路径进行"左对齐""水平居中对齐""右对齐"，或者"顶对齐""垂直居中对齐""底对齐"，如图8-22所示。

  - 分布：当图像中存在3个或更多的路径时，"分布"工具可以设置路径的位置分布是"按顶分布""垂直居中分布""按底分布"，还是"按左分布""水平居中分布"或"按右分布"。

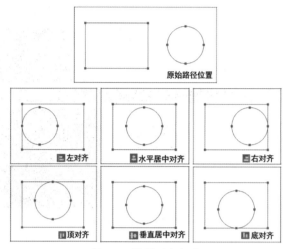

图8-22　路径对齐方式

- 分布间距：通过设置对齐"选区"或"画布"的方式，选择多个路径分布后的间距效果，包括"垂直分布"或"水平分布"。
- 路径排列方式：用于设置多个路径及形状的排列方式。
- 路径选项：用于设置路径的粗细、颜色和"橡皮带"复选框。"橡皮带"复选框可以预览到路径绘制时的曲线走向，方便用户绘制路径时确定下一个锚点的位置。

8.3.2　路 径 锚 点

使用"钢笔工具"绘制路径时，需要使用一个个的锚点确定路径的位置，Photoshop中的锚点主要包括3种类型："贝塞尔""贝塞尔角点"和"角点"，这3种类型的锚点可以创建任意曲度和直线形的路径效果，如图8-23所示。

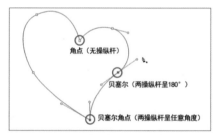

图8-23　路径锚点的3种类型

1. 锚点类型

- 贝塞尔：平滑曲线路径的锚点，锚点两边有两个角度为180°的操纵杆，创建路径时使用"钢笔工具"按下并拖动即可获得，如果要改变曲线的弧度和方向，只需调整其中一个操纵杆。
- 贝塞尔角点：曲线路径上的锚点，同样具备两个操纵杆，但操纵杆可以呈现具有任意角度的曲线路径，调整锚点两侧的曲线路径时，需要分别对两个操纵杆进行调整。
- 角点：两边没有操纵杆，通常在直线路径上，或者两边均为直线的锚点。如果角点的两侧有曲线，则该曲线的弧度控制是由另一侧的贝塞尔或贝塞尔角点控制的，与该角点无关。

2. 锚点的控制和切换

- 控制锚点：按住Ctrl键，可以将"钢笔工具"切换为"直接选择工具"，或者在工具箱中选择"直接选择工具"，可以对路径上的任意一个锚点进行调整，也可以对"贝塞尔"锚点上的操纵杆进行调整。注意，"贝塞尔"锚点的操纵杆只需要调整一个方向即可，不论如何调整，锚点两端的操纵杆总会保持180°的方向；由于"贝塞尔角点"的操纵杆呈现的是任意角度，因此，在调整锚点两边路径的曲度时，可以分别对操纵杆进行调整。如图8-24所示，按住Ctrl键时对锚点或操纵杆进行调整。

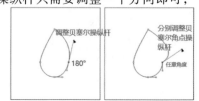

图8-24　控制锚点

- 转换锚点：按住Alt键，或者使用钢笔工具组中的"转换点工具"，即可对锚点进行不同类型的转换。将其他锚点转换为"角点"，按住Alt键单击该锚点即可；将"角点"转换为"贝塞尔"，按住Alt键，同时按住该锚点并沿弧度方向拖动，即可将"贝塞尔"的操纵杆拖出；将"贝塞尔"转换为"贝塞尔角点"，可以按住Alt键，同时移动贝塞尔操纵杆的一端，将其一边的操纵杆改变方向，使锚点两边的操纵杆出现不为180°的夹角，具体操作如图8-25所示。

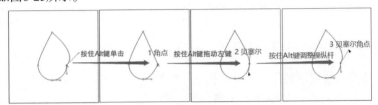

图8-25 转换锚点类型

8.3.3 自动添加和删除锚点

在编辑路径时，应根据实际的路径形状需要设置锚点的数量，锚点数过多不但会影响实际曲线效果，还会增加调整的难度；相反，曲线路径上的锚点数量过少，会影响形状的完整性和曲度的平滑性。

Photoshop中有两种方法可以自动添加锚点和删除锚点。第1种方法是在钢笔工具属性栏中勾选"自动添加/删除"复选框，使用"钢笔工具"，在路径的锚点上单击一次，即可对当前锚点进行删除，在路径的线上单击一次，即可在当前位置上添加锚点，如图8-26所示。

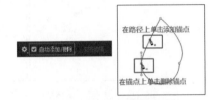

图8-26 "自动添加/删除"复选框

第2种方法是使用钢笔工具组中的"添加锚点工具"和"删除锚点工具"，具体操作方法同上，如图8-27所示。

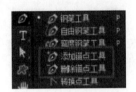

图8-27 添加/删除锚点工具

8.3.4 路径选择工具组

路径选择工具组是专门用于路径和图形调整的工具，主要包括"路径选择工具"和"直接选择工具"，其快捷键是A，按快捷键Shift+A或按住Ctrl键可以在两个工具之间进行切换，如图8-28所示。

使用"路径选择工具"可以直接选择整个路径或多个路径进行移动、变换等操作，还可以调整两个路径的相对位置，其使用方法类似于"移动工具"对选区的移动、变换等操作。当使用"钢笔工具"按住Ctrl键时单击路径，也可以激活路径并对其进行整体操作。当使用"路径选择工具"选择整个路径时，路径上所有的锚点都显示实心效果，如图8-29所示。

使用"直接选择工具"可以选择路径上的任意锚点，按住Shift键可以同时选中多个锚点。"直接选择工具"可以方便地对锚点、操纵杆、一段路径甚至整个路径进行移动、调整方向和改变形状等操作。在路径外任意处单击，可以取消路径的选取。被选中的锚点显示实心点，未被选中的锚点显示空心点，未被选取的整个路径不显示锚点。"直接选择工具"没有属性栏参数，使用方法同使用"钢笔工具"配合Ctrl键对锚点的编辑，如图8-30所示。

图8-28　路径选择工具组　　　　图8-29　使用"路径选择工具"　　　图8-30　使用"直接选择工具"
　　　　　　　　　　　　　　　　　　　　　选择路径　　　　　　　　　　　选择锚点

8.3.5　复制路径

　　通过复制操作可以快速地制作出多个一模一样的路径，节省了大量的制作时间，结合自由变换的操作，可以制作各种几何矢量图形。路径的复制很简单，选中需要复制的整个路径，按住Ctrl+Alt键，鼠标指针变成形状后，按住鼠标左键进行拖动，就可以对路径进行复制，如图8-31所示。

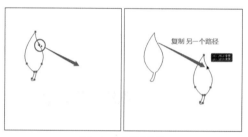

图8-31　复制路径

PS小讲堂

　　复制路径结合"自由变换路径"命令可以自定义很多不同类型的几何变化图形，只需要将复制的路径不断地组合变形，就可以得到很多意想不到的图形效果。

8.3.6　路径面板

　　"路径"面板在Photoshop中专门用于存储和编辑路径，可以实现有关路径的多种编辑操作。该面板中主要显示的部分为"工作路径"和已存储的"路径"，其面板菜单和面板中的按钮，主要用于对路径进行各种编辑和管理，如图8-32所示。

图8-32　"路径"面板

"路径"面板概念和参数设置

- 工作路径：在图像中初次绘制路径后，在"路径"面板中会出现一个"临时的"工作路径，当再次绘制其他的路径时，会重新记录新的路径。

- 存储路径：单击按钮选择"存储路径"命令，或使用鼠标双击工作路径，会打开"存储路径"对话框，将工作路径存储为可被记录的路径，如图8-33所示。

- 创建新路径：单击按钮，可以在"路径"面板中创建一个空的路径层，此时使用"钢笔工具"等矢量工具绘制的路径会出现在当前的路径层中。将工作路径拖动至按钮上松开鼠标，可以直接将工作路径转换成普通路径。

图8-33　存储路径

- 删除路径：删除当前所选路径。
- 复制路径：对当前所选路径进行复制，需要先将工作路径转换成普通路径才能进行此项复制操作，如图8-34所示。
- 用前景色填充路径：单击█按钮或者在面板菜单中选择"填充路径"命令，可以在当前图层显示的路径中填充前景色，如图8-35所示。

图8-34　复制路径

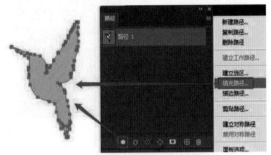

图8-35　用前景色填充路径

- 用画笔描边路径：选择"画笔工具"，单击"路径"面板中的█按钮或者在面板菜单中选择"描边路径"命令，可以使用当前的画笔笔尖形状和前景色为路径进行描边，如图8-36所示。
- 将路径作为选区载入：单击█按钮可以将当前路径转换为选区，使用快捷键Ctrl+Enter可以实现同样效果，如图8-37所示。

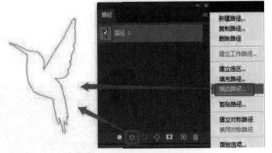

图8-36　画笔描边滤镜

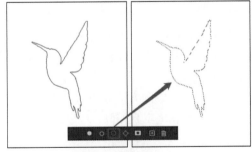

图8-37　将路径转换为选区

- 从选区生成工作路径：单击█按钮，可以将图层中的选区自动转换成路径，但形状会发生一些变化，如图8-38所示。
- 添加图层蒙版：单击█按钮，可以为当前图层添加一个矢量蒙版，用法与图层蒙版相同，如图8-39所示。

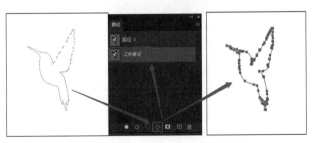

图8-38　从选区生成路径

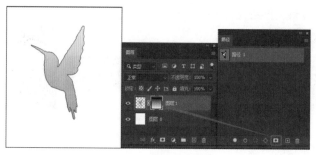

图8-39　添加图层蒙版

- 新建/删除路径：单击■按钮，可以在"路径"面板中创建一个空白的路径层，之后创建的路径都会存储在这个路径层中，如图8-40所示。单击■按钮会删除当前所选的路径层。

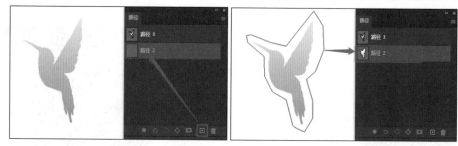

图8-40　新建路径

8.4　形状工具绘制几何图形

Photoshop中的矢量图形绘制经常会使用到一些诸如矩形、椭圆、星形等常规形状，形状工具组中不仅包括各种常规形状，还可以依据常规形状扩展成各种奇特的形状。这些图形工具配合其选项中的功能和路径选择工具组，可以在绘制矢量图形时发挥巨大的作用。

8.4.1　形状工具介绍

Photoshop的形状工具组中包括"矩形工具""椭圆工具""三角形工具""多边形工具""直线工具"和"自定形状工具"6种形状工具。使用形状工具时，可以按快捷键U激活，按快捷键Shift+U进行不同形状工具的切换，如图8-41所示。

形状工具在绘制方法上和创建选区的选框工具组一样，在编辑和使用方法上与钢笔工具相似，可以分为"形状""路径"和"像素"三类，分别可以创建"带形状图层的几何形状""只有路径的几何形状"和"直接在图层中填充像素的几何图案"，这些知识在本章前面已经讲解过，本节只对其创建和编辑过程进行介绍。

图8-41　形状工具组

8.4.2　矩形工具

"矩形工具"使用方法与"矩形选框工具"一样，选择该工具后，在画布中创建起始点，并按住鼠标向对角边方向拖动，在结束点松开鼠标即可完成矩形的创建，如图8-42所示。

在创建正方形形状时，用户按住Shift键的同时创建的矩形的长宽比为1∶1，可以创建任意大小的正方形形状，如图8-43所示。

图8-42 创建矩形形状

如果想要以某一点为中心创建矩形或者正方形形状，用户可以在创建的同时按住Alt键，即可创建从中心点出发的几何形状，如图8-44所示。选择"矩形工具"后，其形状属性栏如图8-45所示。

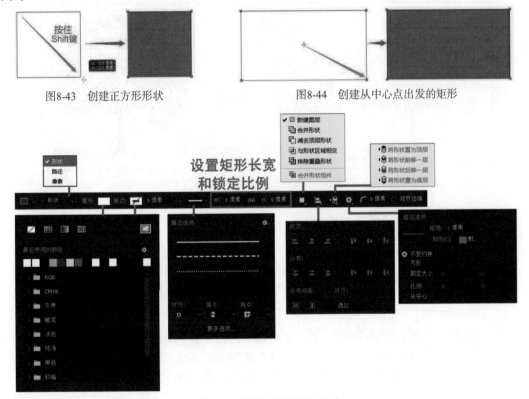

图8-43 创建正方形形状　　　　图8-44 创建从中心点出发的矩形

图8-45 矩形工具形状属性栏

矩形形状属性参数设置

- 选择工具模式：可以在此切换"形状""路径"和"像素"3种模式。
- 填充、描边：用于设置形状的填充、描边类型。单击其色块，会弹出填充面板，可以设置"无颜色""纯色""渐变"和"图案"4种填充类型。用户可以根据需要选择合适的颜色、渐变效果或图案，单击面板右侧的❖按钮，可以对显示设置进行管理，如图8-46所示，其显示效果如图8-47所示。
- 形状描边宽度："描边"设置后面的参数是设置描边的宽度，单位是像素，可以直接输入数值，或拖动旁边的按钮弹出滑块进行设置。图8-48为不同宽度的形状描边效果。
- 形状描边类型：用于设置描边的线的类型，可以设置"实线""虚线"和"点线"3种不同的效果，如图8-49所示。

图8-46 设置形状的填充、描边类型

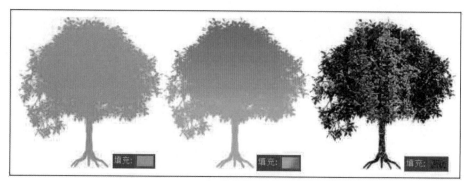

图8-47 填充"纯色""渐变""图案"效果

图8-48 形状描边宽度   图8-49 描边类型

- 路径操作：使用方法同"钢笔工具"，可以对创建的多个图形进行"新建图层""合并形状""减去顶层形状""与形状区域相交"和"排除重叠形状"等操作。
- 路径对齐方式：可以对创建的多个图形进行排版对齐，可以设置"对齐""分布"和"分布间距"几种对齐方式。
- 路径排列方式：当文件中存在多个图形时，可以对当前创建的形状进行位置排列。
- 路径选项：用于设置创建形状时路径的效果，其中包括路径的"粗细""颜色"及"固定大小"等参数设置。图8-50是粗细为1像素、颜色为蓝色、不受约束时创建的矩形形状。

图8-50 路径选项设置

- 设置圆角半径 ：该选项是将旧版本的"圆角矩形工具"进行了整合，设置参数可以将直角的矩形变成圆角矩形效果，如图8-51所示。

半径：107像素　　　　　半径：20像素　　　　　半径：0像素

图8-51　设置圆角半径效果

- 对齐边缘：勾选该复选框，可以自动将矢量形状边缘与像素网格对齐。

矩形工具属性面板

使用"矩形工具"创建图形时，"属性"面板中会实时显示与属性栏相同的形状属性，具体参数如图8-52所示。

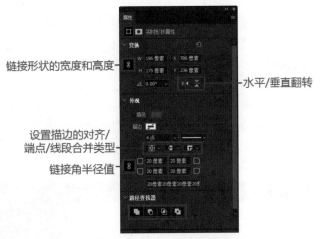

图8-52　矩形工具属性面板

其中部分参数介绍如下。

- 链接形状的宽度和高度 ：用于链接形状的宽度和高度的参数比例，调整其中一个，另一个也相应被调整。
- 旋转 ：用于设置形状的旋转角度。
- 水平/垂直翻转 ：用于水平或者垂直翻转图形。
- 描边对齐类型 ：对图形描边所处路径位置的对齐设置，包括居内、居中和居外3种对齐方式，如图8-53所示。

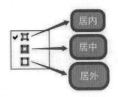

图8-53　描边对齐类型

- 描边端点类型 ：包括方形端点、圆形端点和沿描边外沿的方形端点，当描边类型为线段时，可以看到其端点的变化，如图8-54所示。
- 线段合并类型 ：用于设置描边的两线段合并类型，有直角、圆角和切角3种类型，如图8-55所示。

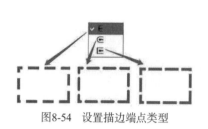

图8-54 设置描边端点类型

图8-55 3种描边线段的合并类型效果

- 4个角半径：用于设置"左上""右上""左下""右下"4个角半径的圆角参数。
- 链接角半径值：该按钮控制上述4个角半径的链接锁定，链接时4个角半径参数相同，取消链接时4个角半径可以各自调节。

8.4.3 椭圆工具

"椭圆工具"用于绘制椭圆或者圆形的形状图层、路径或以像素填充的图形，通过其属性栏设置可以进行图形类型的选择。其使用方法与"矩形工具"基本一致，使用鼠标单击起始位置并向对角方向拖动，可以创建椭圆形，按住Shift键可以创建圆形，按住Alt键可以创建以中心点出发的椭圆形，如图8-56所示。

"椭圆工具"的属性栏设置参数与"矩形工具"很相似，通过填充、描边和路径选项的设置，可以对不同类型的椭圆和圆形进行绘制，如图8-57所示。

图8-56 使用"椭圆工具"绘制图形

图8-57 椭圆工具属性栏

8.4.4 三角形工具

使用"三角形工具"可以直接创建一个任意比例的三角形路径或形状，按住Shift键可以创建等边三角形，其效果和参数设置如图8-58所示。其创建方法和参数设置与其他形状工具一致，这里不再重复。

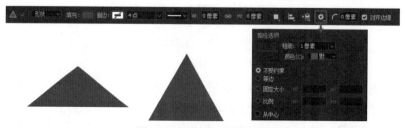

图8-58 三角形工具属性栏

8.4.5 多边形工具

"多边形工具"用于绘制任意边数的星形或多边形，属性栏的"设置边数"参数可以设置星形或正多边形的边数或角数。"多边形工具"默认为星形比例打开，因此最初创建的是"星形比例"为50%的星形；创建多边形时，需要将"星形比例"设置为100%，按住Shift键可以创建正多边形。其属性栏设置如图8-59所示。

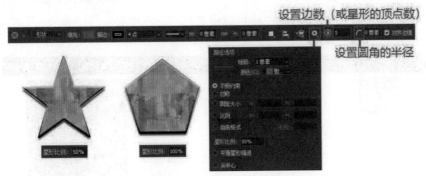

图8-59 多边形工具属性栏

多边形工具参数设置

- 边数：用于设置星形或多边形的边数。
- 圆角半径：用于设置星形或多边形外侧的圆角半径，值越大外角越平滑，越趋近于圆形，如图8-60所示。
- 星形比例：用于设置缩进成星形的比例值，参数越小星形越细长，当参数为100%时为无缩进边的多边形，如图8-61所示。

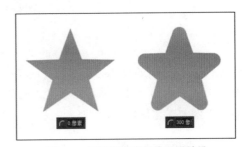

图8-60 不同圆角半径的星形效果

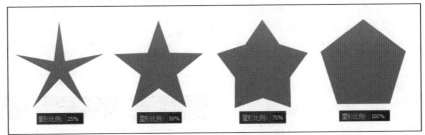

图8-61 不同星形比例的效果

- 平滑星形缩进：当星形比例不为100%时，可以勾选该复选框，此时星形内角将变成圆角，如图8-62所示。
- 从中心：勾选该复选框后，可以从中心开始创建星形或多边形。

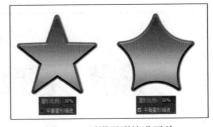

图8-62 平滑星形缩进开关

8.4.6 直线工具

"直线工具"用于绘制直线和带箭头的方向线图形。在使用该工具绘制图形时，从起始点处按下鼠标向外拖动，在结束点处单击鼠标，即可完成直线的创建，如图8-63所示。按住Shift键绘制直线，可以创建垂直方向、水平方向和倾斜45°角的直线，如图8-64所示。

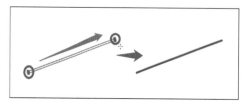

图8-63　创建任意方向直线形状

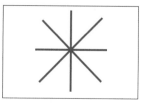

图8-64　按住Shift键创建垂直、水平和45°直线

选择"直线工具"后，在其属性栏中可以设置其"工具模式""填充颜色""描边"等参数，如图8-65所示。

图8-65　直线工具属性栏

PS小讲堂

Photoshop新的版本将原来"直线工具"的"粗细"参数进行了优化去除，用户如果需要增加直线的粗细，可以在"描边"里设置点数；同时取消了"像素"的工具类型，"直线工具"只能创建"形状"和"路径"。

路径选项参数设置

- 箭头(起点、终点)：用于为直线的起点和终点设置箭头，如图8-66所示。
- 宽度、长度：用于设置箭头的宽度和长度，如图8-67所示。
- 凹度：用于设置箭头的凹陷程度，参数范围为-50%～50%，参数为负值时箭头尾部向外突出，参数为正值时箭头尾部向内凹陷，如图8-68所示。

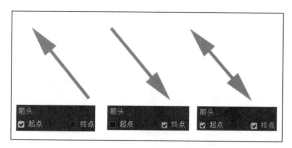

图8-66　绘制起点和终点箭头的直线

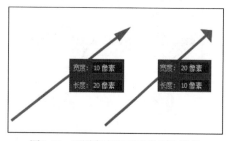

图8-67　不同宽度和长度的箭头效果

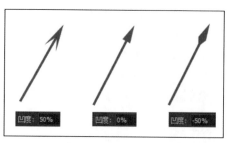

图8-68　不同凹度的箭头效果

8.4.7 自定形状工具

"自定形状工具"用于绘制Photoshop中提供的预设形状，或者用户自定义的形状。选择"自定形状工具"后，可以看到其属性栏参数，如图8-69所示。

图8-69 自定形状工具属性栏

"自定形状工具"的"形状"选项列出了Photoshop中的预设形状。执行菜单"窗口">"形状"命令，会弹出"形状"面板，与自定义形状中的"预设形状"内容相同，如图8-70所示。如果老用户需要使用旧版本的预设形状，可以选择"形状"面板右侧的■按钮，选择面板菜单中的"旧版形状及其他"命令，即可将2019版本及更早版本的预设形状添加进去，如图8-71所示。

图8-70 "形状预设"和"形状"面板　　　　图8-71 添加"旧版形状及其他"命令

单击自定义形状的"路径选项"按钮，弹出"自定义形状"的选项设置，可以对预设形状的大小和比例等参数进行调节，如图8-72所示。

自定义形状选项参数设置

- 不受约束：自定义形状的长宽大小和比例不受限制，可以根据用户的鼠标绘制来制作，如图8-73所示。

图8-72 自定义形状的选项设置

- 定义的比例：根据自定义形状的原始比例绘制形状，不论大小多少，长宽比例不变，如图8-74所示。

图8-73 创建"不受约束"的形状　　　　图8-74 创建"定义的比例"的形状

- 定义的大小：选择该项后，创建形状时自动打开"创建自定形状"对话框，可以设置形状的大小，单击"确定"按钮可以在画布上创建定义好的形状，如图8-75所示。

图8-75 创建自定形状

● 固定大小：可以设定固定长、宽的形状，在画布上拖动可以创建，如图8-76所示。

图8-76 创建固定大小的形状

8.5 形状的编辑

在以形状类型创建图形后，会直接创建矢量形状图层，不仅包括路径，还包括颜色等元素。用户在使用图形工具创作的时候，不仅可以直接对图形的形状进行编辑，还可以对其颜色、样式、描边等效果进行编辑操作。

8.5.1 调整形状

使用"路径选择工具"和"自由变换路径"命令可以直接激活形状路径对其编辑，不仅可以对其位置、角度、大小、比例进行编辑，还可以使用"直接选择工具"对某些控制点进行调整，形成新的图形。使用"路径选择工具"激活形状路径，当路径控制点全部为实心点时，可以对图形整体进行移动，如图8-77所示。按住Ctrl键，将工具切换成"直接选择工具"，可以对其中某个控制点进行选择，并移动调整形状，如图8-78所示。

图8-77 移动形状位置

图8-78 调整控制点

使用"自由变换路径"命令可以对图形的大小、角度、对称翻转、长宽比等效果进行调整，使用快捷键Ctrl+T，在形状上建立自由变换框，可以进行各种调节设置，如图8-79所示。

图8-79 自由变换形状

8.5.2 填充形状

建立形状之后，其属性栏中有专门用于填充形状颜色的填充列表，这部分在前面"矩形工具"中已经介绍过，如图8-80所示。此外，应用于图层的"样式"面板中的多种样式效果，也同样适用于形状的填充，如图8-81所示，其样式可以通过双击该形状图层中的"图层样式"按钮，在打开的"图层样式"对话框中进行调整。

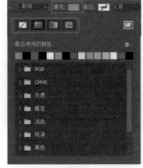
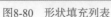

图8-80 形状填充列表

图8-81 形状填充"样式"

8.5.3 复制形状

形状图层的复制可以使用图层复制的方法执行。但是如果要在同一个形状图层中复制形状，就需要执行如下操作。

步骤01 使用"直接选择工具"将当前形状的路径选中，如图8-82所示。

步骤02 按住Ctrl+Alt键，同时使用鼠标将形状向另一侧移动，如图8-83所示。

步骤03 松开鼠标按键和Ctrl+Alt键，即可完成形状复制，此时不会新建形状图层，如图8-84所示。

图8-82 选中路径

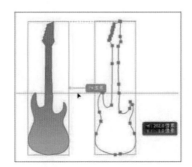

图8-83 复制移动路径

图8-84 完成形状复制

8.5.4 栅格化形状

图形的形状属于矢量图形，如果用户需要对其进行像素化编辑，可以使用"栅格化图层"和"栅格化图层样式"命令将其转换为普通像素构成的图像，其图像大小保持不变。因为图像是由像素构成的，当将其放大以后，会出现模糊的锯齿，如图8-85所示。

实例8-5 绘制一箭穿心小图标

操作步骤　实例视频

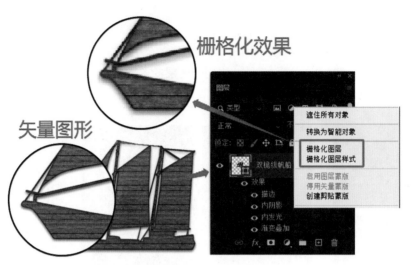

图8-85　图形形状的栅格化处理

8.6　拓展训练

实例8-6 制作卷页海报效果

操作重点　　实例视频

实例8-7 制作卡通笑脸表情

操作重点　　实例视频

第 9 章
文字的设计与3D效果制作

在平面设计中，文字作为图像中的一个重要设计元素，不仅起到标注、介绍、提示等功能性作用，还起到美化和装饰的作用。一个好的文字设计，可以为整个图像设计起到画龙点睛的效果。本章重点介绍文字设计的相关内容，包括文字创建、文字编辑和文字排版与应用等知识，帮助用户在实际操作中更好地运用文字功能，实现文字设计与排版的理想艺术效果。

■ 知识点导读：
- 文字工具的使用方法
- 文字面板的使用方法
- 文字的排版与应用技巧
- 3D对象和立体文字的制作模式

9.1 文字工具

文字工具在Photoshop中操作简单，但功能却很强大，不仅可以作为矢量工具制作矢量文字，还可以作为图像设计工具制作文字选区，从而进行各种像素、图案的填充和擦除。这些功能满足了设计师对于文字艺术的创意和设计需求。

9.1.1 文字的类型

Photoshop中用于创建文字的工具是工具箱中的文字工具组，包括"矢量文字工具"和"文字蒙版工具"两大类，每类文字工具分为横排和直排两种分布类型，如图9-1所示，效果如图9-2所示。

图9-1 文字工具组

图9-2 4种文字创建效果

9.1.2 创建矢量文字

Photoshop中的矢量文字是指最基本的文字输入工具，创建的文字对象具有独立的文字图层。矢量文字工具包括"横排文字工具"和"直排文字工具"，可以在水平或垂直方向创建文字。

创建文字时，选择工具箱中的"横排文字工具"，在图像文件中的文字起始位置单击，出现文字光标┃，此时可以输入文字，如图9-3所示。完成文字的创建后，可以单击文字工具属性栏中的☑按钮，也可以按快捷键Ctrl+Enter或者按Enter键结束创建，"图层"面板中出现以输入文字命名的文字图层，如图9-4所示。

图9-3　创建横排文字　　　　　　图9-4　完成文字创建及"图层"面板中的文字图层

　　创建直排文字，方法与横排文字一样。在工具箱中选择"直排文字工具"，在图像文件中单击起始位置开始创建，或者使用"横排文字工具"创建时，单击其属性栏中的☷按钮，可以对横排和直排文字进行切换使用，如图9-5和图9-6所示。

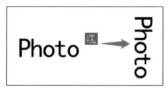

9.1.3　创建文字选区

图9-5　创建直排文字　　　图9-6　横排文字转换成直排文字

　　文字蒙版工具用于制作文字选区，在创建文字蒙版时，不会新建图层，只在当前图层中单击、创建横排或者直排的文字蒙版，当输入文字完毕后，单击属性栏中的☑按钮或按快捷键Ctrl+Enter，可以形成该文字的选区。用户可以在文字选区中对图像的像素进行各种编辑操作，如图9-7所示。

图9-7　创建文字选区并进行填充图案

　　"直排文字蒙版工具"的使用方法与"横排文字蒙版工具"一样，需要注意的是，"直排文字工具"创建英文文字的时候，英文字母会整体顺时针旋转90°排列，而创建中文的时候，文字不会旋转，而是纵向一列排开，如图9-8和图9-9所示。

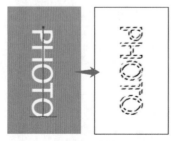

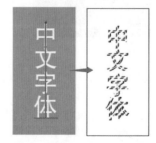

图9-8　创建英文直排文字选区　　　　　　图9-9　创建中文直排文字选区

9.2　编辑文字

9.2.1　设置字体属性

创建文字以后，用户可以在其属性栏、"字符"面板和"段落"面板中调整文字属性和效果，其属性栏参数设置如图9-10所示。

图9-10　文字工具属性栏

文字工具属性栏参数设置

● 切换文本取向：可以切换文字的横排和直排方向。
● 字体：该下拉列表中列出了操作系统中所有的字体。

> ### PS小贴士
>
> 选择字体时，可以先选择其中一种字体，然后使用键盘中的"向上"和"向下"方向键来切换选择字体。

● 字体样式：显示该字体的字体样式，如选择一个特殊的EmojiOne字体，则字体样式中会显示其样式效果，如图9-11所示。

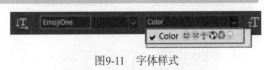

图9-11　字体样式

● 字体大小：显示当前字体的大小，可以通过调整滑块来调整点数，也可以将鼠标放在 上左右拖动调整大小。
● 字体边缘：字体边缘的锐利和平滑效果。
● 文字对齐方式：用于设置文字与起始点的对齐方式，分为"左对齐文本 ""居中对齐文本 "和"右对齐文本 "3种方式，如图9-12所示。

图9-12　文字对齐的3种方式

● 文字颜色：单击该按钮可以打开"拾色器"对话框，用户可以在其中选择任意的文字颜色。
● 文字变形：用于设置文字变形的效果，可以在打开的"变形文字"对话框中设置，对整排文字进行弯曲、扭曲等变形操作。
● 字符和段落面板：显示文字的"字符"和"段落"面板，可以对文字进行更为详细的编辑。
● 创建3D文字：将平面的文字创建成三维立体文字，详细内容在后面"3D对象和文字效果"一节中进行介绍。

9.2.2　编辑字符属性

创建文字之后，除了在文字工具的属性栏中进行简单调整外，还可以通过"字符"面板进行详细的字符调整。单击属性栏中的■按钮，或执行菜单"窗口">"字符"命令，都可以打开"字符"面板，如图9-13所示。

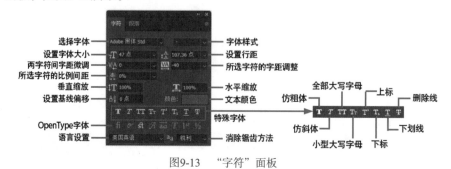

图9-13 "字符"面板

"字符"面板参数设置

- 设置行距▣：当存在多行字符时，该项可以设置文字的行间距。全选所有字符，默认为"自动"，即根据字体大小自动设置行距，调整数值时，点数越大，行距越宽。将光标放在▣上左右拖动，可以直接增大或缩小行距，如图9-14所示。
- 字距微调▣：当光标放在两个字符中间时，可以对字符间的距离进行微调，如图9-15所示。

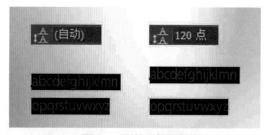

图9-14 调整字符行距

图9-15 两字符间字符微调

- 字距调整▣：选择需要调整字距的字符，调整该项可以增加或减小字符之间的距离。
- 比例间距▣：调整所选字符的百分比间距，参数越大，字符间的间距越小。
- 垂直缩放▣和水平缩放▣：调整文字垂直方向和水平方向的缩放比例，如图9-16所示。
- 基线偏移▣：调整文字距离基线偏移的量，参数增大，文字向上偏移；参数减小，文字向下偏移。
- 特殊字体：用于设置文字的特殊样式，包括"仿粗体""仿斜体""全部大写字母""小型大写字母"等，如图9-17所示。

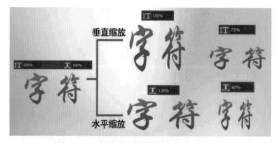

图9-16 字符的垂直缩放和水平缩放

图9-17 设置文字的特殊样式

- OpenType字体：专用于设置OpenType类别的字体样式，具备PostScript和TrueType所没有的一些功能，如连字和花饰字等。

PS小课堂

OpenType字体是由Microsoft和Adobe公司开发的另外一种字体格式，也是一种轮廓字体，比TrueType更为强大，最明显的一个好处就是可以将PostScript字体嵌入TrueType的软件中，并且还支持多个平台，支持很大的字符集，还有版权保护，如图9-18和图9-19所示。

图9-18　筛选OpenType字体

图9-19　OpenType字体样式设置

- 语言设置：对所选字符进行连字符和拼写规则的语言设置。

实例9-1　艺术文字设计

操作步骤　　实例视频

9.2.3　编辑段落属性

与"字符"面板相邻的"段落"面板，是专用于调整文字段落格式的面板。段落格式的调整主要包括"文本对齐方式""缩进方式""最后一行对齐方式"等设置。选择"横排文字工具"，在图像文件中拖动框选一个文本框，此时输入的文字只显示在文本框中。打开"段落"面板，即可对该段落文本进行设置，如图9-20所示。

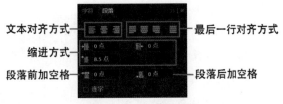
图9-20　"段落"面板

文本对齐方式——　　　——最后一行对齐方式
缩进方式——
段落前加空格——　　　——段落后加空格

"段落"面板参数设置

- 文本对齐方式：用于设置文本的"左对齐""居中对齐"和"右对齐"3种对齐方式，如图9-21所示。
- 最后一行对齐方式：用于设置段落文本最后一行的对齐方式，包括"左对齐""居中对齐""右对齐"和"两端对齐"4种对齐方式，如图9-22所示。

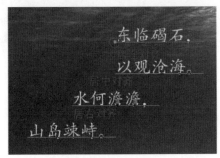
图9-21　文本对齐方式

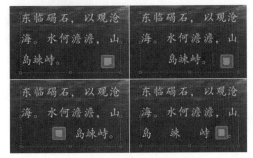
图9-22　最后一行对齐方式

- 缩进方式：用于设置段落在起始段的缩进方式，包括"左缩进""右缩进"和"首行缩进"，如图9-23所示。

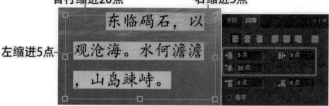

图9-23　缩进方式设置

- 段落前加空格：用于设置所选段与上一段的间距。
- 段落后加空格：用于设置所选段与下一段的间距。
- 连字：该复选框可以将文本最后一个外文单词拆开，用连字符的形式，使文本框以外部分文字自动转换到下一行，如图9-24所示。

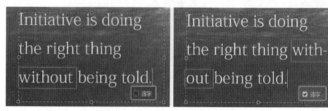

图9-24　启用"连字"复选框效果

9.2.4　编辑文字图层

在创建矢量文字时，会自动创建文字图层。在使用文字图层时，与图层中的矢量图层基本相同，它属于矢量对象，在某些编辑操作时，就需要一些特殊的操作。

1. 栅格化文字图层

当文字作为设计中的一个图像元素时，则需要对其进行调色、填充擦除、滤镜等针对像素的操作，而矢量文本却不能进行这些操作。例如，为文本添加滤镜效果时，会弹出提示框，要求将文字图层"转换为智能对象"或者"栅格化"才能继续。

将文字图层转换成普通图层，可以在"图层"面板中操作，选择文字图层并右击，在快捷菜单中选择"栅格化文字"命令，即可完成文字图层的转换，如图9-25所示。

图9-25　栅格化文字转换为普通图层

2. 创建文字剪贴蒙版

为文字图层创建文字剪贴蒙版，可以在文字图层的上方添加一个素材图层，然后在该图层上右击，在弹出的快捷菜单中选择"创建剪贴蒙版"命令，即可为下面的文字图层创建一个带图像纹理的文字效果，如图9-26所示。

图9-26　为文字图层创建文字剪贴蒙版

调整图像纹理的大小和位置时，可以使用"移动工具"和"自由变换路径"命令来完成调整，如图9-27所示。如果希望同时调整文字、剪贴蒙版的位置和效果，可以将两个图层添加链接，再进行移动或调整大小，如图9-28所示。

3. 将文字转换为形状

文字在作为设计元素的时候，经常需要对其进行二次加工，使其更符合设计要求，所以将矢量文字转换成形状图形，可以方便地编辑和调整文字形状。将矢量文字转换为形状，只需要在文字图层中右击，选择快捷菜单中的"转换为形状"命令，即可将文字图层转换为形状图层，然后可使用"直接选择工具"对锚点进行调整，如图9-29和图9-30所示。

图9-27　调整剪贴图层

图9-28　链接两个图层

图9-29　将文字图层转换为形状图层

图9-30　使用直接选择工具调整形状

4. 创建文字形状的工作路径

如果需要将矢量文字的路径提取出来使用，可以将文字转换为工作路径。具体操作时可以在文字图层上右击，在弹出的快捷菜单中选择"创建工作路径"命令，就可以在文字上显示其路径，如图9-31和图9-32所示。

图9-31　为文字图层创建工作路径

图9-32　创建文字形状的路径

9.3　文字的排版与应用

9.3.1　段落文字和区域文字

在Photoshop中使用常规方法创建点文字的时候，如果输入的文字较多，需要进行换行显示，可以在需要换行的文字后按Enter键进行换行，如图9-33所示。这种方法适用于创建不规则段落，每行文字的数量可以是不同的，如图9-34所示。

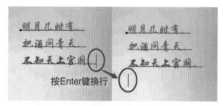

图9-33　按Enter键将点文字换行

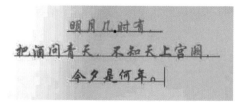

图9-34　点文字创建不规则段落文字

还有一种创建段落文字的方法，就是创建区域文字，即在开始创建时按住鼠标左键向下拖出区域边框，在限定的区域内创建文字，文字输入到每行的结尾会自动切换到下一行，当输入的文字过多时，超过范围的文字会被遮挡起来。用户可以通过调整区域框四周的控制点来调整显示区域的大小范围和斜切、倾斜角度等，如图9-35所示。

如果创建的点文字也需要像区域段落文字一样进行形状调整，则可以在文字编辑状态时，按住Ctrl键，就会出现区域边框，此时就可以进行编辑调节了，如图9-36所示。

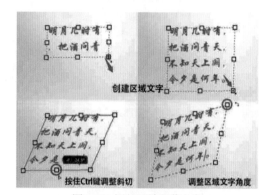

图9-35　调整区域段落文字

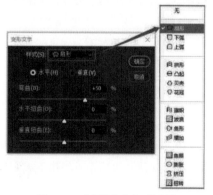

图9-36　点文字的形状调整

实例9-2　使用区域文字在背景图像中添加字迹效果

操作步骤　　实例视频

9.3.2　变形文字

利用Photoshop中的变形文字功能，可以对创建的文字进行15种不同的变形。在图像中创建一段文字，单击文字属性栏中的"变形文字"按钮，即可打开"变形文字"对话框，如图9-37所示。

变形文字参数设置

- 样式：该下拉列表为用户提供了15种不同的变形样式，用于设置文字变形的效果，各种文字变形样式如图9-38所示。

图9-37　"变形文字"对话框

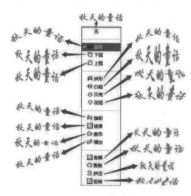

图9-38　文字变形样式

- 水平、垂直：用于选择文字扭曲的方向，可以选择"水平"或"垂直"两种变形方向，如图9-39所示。

图9-39 "水平"扭曲和"垂直"扭曲

- 弯曲：用于设置文本变形的弯曲程度，弯曲值为负时向下弯曲，弯曲值为正时向上弯曲，数值越大，弯曲的程度就越大，如图9-40所示。

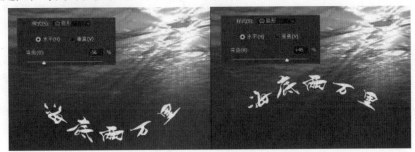

图9-40 文字变形的弯曲效果

- 水平扭曲/垂直扭曲：用于设置文本在水平方向或垂直方向的扭曲。图9-41为水平扭曲和垂直扭曲效果。

图9-41 水平扭曲和垂直扭曲效果

9.3.3 路径文字

设计师在创作一些文字设计作品的时候，往往会根据图像中的某些造型元素来设计文字的效果，特殊造型的文字不仅能够增加图像整体的造型感，更能突出设计师的创意。Photoshop的路径文字可以根据图像中的某些线条元素来设计文字效果，突出文字的造型设计，如图9-42所示。

路径文字的创建方法很简单，只需要用户在图像中先创建一条路径，然后使用文字工具移动至路径上，当光标变成 形状时，单击并创建文字即可，如图9-43所示。

路径文字的编辑方法也很简单。创建完路径文字后，按住Ctrl键，可以对起始端、结束端的位置，以及文字所在的方向进行调整，如图9-44所示。

图9-42　路径文字效果

图9-43　创建路径文字方法

图9-44　路径文字调整方法

9.3.4　形状文字

通过形状工具创建的形状图层，具有路径和形状颜色两种元素，使用形状图形可以创建具有特殊形状的区域文字，同时还能在其路径上创建路径文字，如图9-45所示。

形状文字的创建方法与段落文字和路径文字的方法基本相同。需要先在图像中创建一个形状图层，再使用文字工具在形状中创建，当光标变成①形状时，可以单击创建文字，此时文字会根据形状的区域进行填充并自动换行，用户可以在创建文字的同时，在"字符"面板中调整文字大小、行距等属性，如图9-46所示。

图9-45　形状文字效果

图9-46　创建形状文字

再次选择形状图层，使其显示路径，使用"横排文字工具"在路径上创建，当光标变成形状时，可以单击创建路径文字，如图9-47所示。

图9-47 创建形状路径文字

9.4 3D对象和文字效果

当文字图层创建以后，属性栏中就出现了一个 3D 图标，单击该图标就可以将文字转换成3D文字，此时Photoshop工作区也转变成了3D工作区，文字也变成了有一定厚度的3D立体字效果，如图9-48所示。

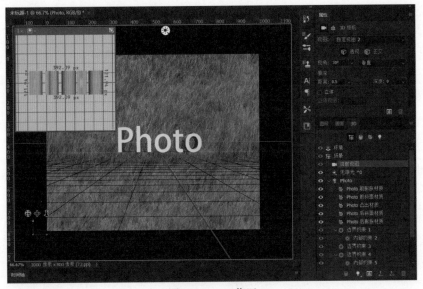

图9-48 3D工作区

Photoshop中的3D功能可以使原本的图形制作突破二维平面，达到三维立体的视觉效果。3D对象是可以将图形图像对象添加第三维度的扩展，形成一个新的三维视角，并对其场景、光照、对象的面、位置、角度进行编辑和调整。在制作和编辑3D对象时，与平常的操作界面不同，当图像转换为3D对象时，就进入3D工作区，3D对象的纹理、光照、环境等信息都显示并存放在3D面板中，其属性面板显示了3D相机和坐标信息，左上角的副视图显示了3D文字的顶视效果和长宽参数。用户也可以从Photoshop的3D菜单中，将一个普通图层的对象转入3D对象图层。执行菜单"3D">"从图层新建网格"命令，可以弹出4种3D类型："明信片""网格预设""深度映射到"和"体积"，如图9-49所示。其中，"网格预设"命令可以在当前的3D图层中创建如"锥形"的3D几何体，"深度映射到"命令可以创建突出于画布的纵深交错的特殊效果，如图9-50所示。

图9-49 从图层新建网格的多种类型

图9-50 "网格预设"中酒瓶和"深度映射到"平面

进入3D工作区后，用户需要在3D面板及属性设置中选择对应的面和参数进行调节。在3D面板中选择"当前视图"，可以在场景和"属性"面板中显示3D相机视角，同时可以使用3D对应的工具模式在视窗中对3D对象进行调节，如图9-51所示。

图9-51 3D场景下的移动工具属性栏

使用3D模式的工具可以对3D相机进行"旋转""滚动""拖动""滑动""缩放"5种常用操作，便于用户调整3D对象的观察视角，具体操作如图9-52所示。

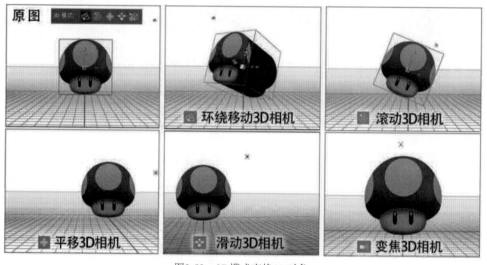

图9-52 3D模式变换3D对象

9.5　拓展训练

实例9-4　炫彩水晶文字设计
操作重点　实例视频

实例9-5　制作丝布褶皱文字效果
操作重点　实例视频

实例9-6　制作3D星云海报
操作重点　实例视频

实例9-7　制作破碎文字效果
操作重点　实例视频

第 **10** 章

滤镜效果的应用

Photoshop具有非常强大的滤镜功能，其内置滤镜或外置滤镜插件为用户提供了无限创作的可能。强大的滤镜使Photoshop在同类的图像处理软件中独树一帜，不仅能够提供多达几十种不同风格的特殊效果，而且提供数码照片的校正及调色，如"自适应广角"和"Camera Raw滤镜"，为专业摄影师的照片后期处理提供了非常便捷、有效的帮助。

本章主要针对Photoshop中典型的几十种滤镜命令进行介绍和实例讲解，通过对各种不同滤镜的实际操作，学习和掌握不同风格滤镜的使用方法和具体应用技巧，使普通的用户也能够像专业设计师一样，打开思路、发挥创意，设计具有鲜明特色和特殊风格的作品。

■ 知识点导读：
- 如何使用智能滤镜
- 滤镜库的使用方法
- 数码照片的校正滤镜和照片修改滤镜的使用
- 常用滤镜组的使用方法

10.1 初识滤镜

10.1.1 了解滤镜

"滤镜"一词最早来源于摄影界，是一种"安装在相机镜头前用于过滤自然光的附加镜头"。在数字图像的处理中，滤镜不仅被赋予了各种镜头光效和色温等效果，其功能更扩展到可以制作并处理各种风格图像，甚至可以使用夸张效果，为设计作品增添趣味性、新鲜感和创意性，如图10-1和图10-2所示。

图10-1 冷色调照片滤镜的影楼效果

滤镜是Photoshop中的一种插件模块，能够对图像中的像素进行特殊风格处理。有些滤镜效果比较直观，应用滤镜后就可以直接看到明显效果，如处理人像时的"液化滤镜"、处理数码照片色调的"Camera Raw滤镜"、处理图像模糊的"模糊"滤镜组等。还有一些是当时看不出滤镜效果的意义，需要结合其他操作才能看到最后的效果。例如，滤镜库中的"照亮边缘滤镜"，以及"其他"滤镜组中的"高反差保留滤镜"等。Photoshop中所有的滤镜命令都放置在"滤

图10-2 神经源滤镜制作的夸张效果

镜"菜单中，使用时仅需从"滤镜"菜单中选择这些命令即可。

10.1.2 滤镜菜单

Photoshop的滤镜命令放置在"滤镜"菜单中，打开该菜单，可以看到所有滤镜及其分类。Photoshop的滤镜按功能主要分为4个分区：第1个分区是"上次滤镜操作"，即一键完成上一次滤镜效果，参数不变；第2个分区是"转换为智能滤镜"，可以将普通图层转换为智能对象图层，添加的滤镜效果不会破坏图层的像素；第3个分区是"特殊滤镜类"，主要包括"滤镜库""自适应广角"等窗口比较大、功能比较强的滤镜；第4个分区是"滤镜组类"，包括11组不同风格类型的滤镜效果，如图10-3所示。

图10-3　"滤镜"菜单

PS小讲堂

使用滤镜的常用技巧如下。

- 上次滤镜操作：按快捷键Ctrl+Alt+F重复上一次滤镜操作，参数与上次操作一致。
- 滤镜应用的图像模式：滤镜在使用时有些图像模式是无法使用的，如位图模式、16位灰度图像模式、索引颜色模式、48位RGB模式，而且有些颜色模式只能使用部分滤镜，如32位RGB颜色模式只能使用第4个分区的滤镜组，不能使用"滤镜库""自适应广角"等大型滤镜，如图10-4所示。

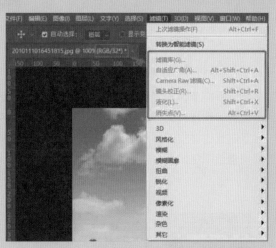

- 提高滤镜运行时效：当使用一些比较大的滤镜或图像尺寸和分辨率都比较大的图像时，会瞬间占用系统大量内存，导致软件运行速度过慢或瞬间关闭。此时，用户可以通过提前清理计算机中多余的内存，同时对图像部分建立选区后试用滤镜效果，如果达到用户需要的效果后，再执行整个图像的操作。

图10-4　32位RGB颜色模式图像的部分滤镜不能使用

10.2 应用智能滤镜

为图像使用滤镜时，会直接改变图像像素。使用智能滤镜则会在图层下方以智能对象的方式添加滤镜效果，而不破坏图层中原来的图像像素。

10.2.1 启用智能滤镜

选择图像文件中的普通图层，执行菜单"滤镜">"转换为智能滤镜"命令，会弹出"转换为智能对象"提示对话框，单击"确定"按钮，就可以将当前图层转换为"智能对象"图层，此

时再添加任何滤镜，都会以智能滤镜的方式添加到图层下方，并可以根据智能滤镜的方式进行开
关和设置，如图10-5所示。

图10-5　为图层启用智能滤镜

"转换为智能滤镜"命令是针对普通
图层应用智能滤镜时使用，如果图层本身
为智能对象，则不需要转换成智能滤镜，
添加滤镜效果时，会直接在图层下方添加
智能滤镜。

对智能滤镜图层添加多个滤镜效果，
会在智能滤镜层下方叠加多个滤镜层，每
个滤镜可以单独控制，如图10-6所示。

图10-6　多个滤镜效果

10.2.2　编辑智能滤镜和混合选项

双击智能滤镜的名称，或者右击该滤镜层，选择快捷菜单中的"编辑智能滤镜"命令，会打
开该滤镜的设置对话框，用户可以快速编辑滤镜效果，如图10-7所示。

双击智能滤镜图层后面的██按钮，会打开该智能滤镜的"混合选项"对话框，用户可以对当
前滤镜调整图层的混合模式和不透明度，并能从预览窗口中看到变化后的效果，如图10-8所示。

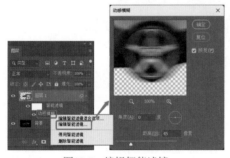

图10-7　编辑智能滤镜

图10-8　编辑智能滤镜混合选项

10.2.3　停用/删除智能滤镜

智能滤镜的好处就是可以随时停用或删除，而不破坏原来的图层。停用智能滤镜，可以单击
智能滤镜或滤镜层前面的可见性按钮█，或者右击该滤镜图层，在弹出的快捷菜单中选择"停用
智能滤镜"命令，通过该方式还可以重新启用被停用的智能滤镜，如图10-9所示。

　　删除智能滤镜时，可以用鼠标按住该滤镜层，将其拖动至"图层"面板中的██按钮上，也可以直接删除该滤镜效果。同时，还可以右击该滤镜层，在弹出的快捷菜单中选择"清除智能滤镜"命令，都可以完成智能滤镜的删除操作，如图10-10所示。

图10-9　停用智能滤镜

图10-10　删除智能滤镜

10.2.4　应用和停用智能滤镜蒙版

　　当图层应用智能滤镜后，在每个智能滤镜层中会自动添加一个图层蒙版，用户可以使用黑白颜色对蒙版进行填充，从而控制图层中应用滤镜的区域，如图10-11所示。

图10-11　应用滤镜蒙版

　　右击智能滤镜层，选择快捷菜单中的"停用滤镜蒙版"命令，可以取消蒙版效果。被停用的滤镜蒙版，也可以通过选择"启用智能滤镜蒙版"命令重新启用，如图10-12所示。

图10-12　停用/启用滤镜蒙版

　　删除智能滤镜蒙版时，用户可以按住智能滤镜蒙版的缩略图拖入██按钮中，或者右击蒙版缩略图，选择快捷菜单中的"删除滤镜蒙版"命令，如图10-13所示。重新添加图层蒙版，可以在该智能滤镜层上右击，选择快捷菜单中的"添加滤镜蒙版"命令，重新添加一个空白的滤镜蒙版，如图10-14所示。

图10-13　删除滤镜蒙版　　　　　　　　　图10-14　添加滤镜蒙版

10.3　使用滤镜库

　　Photoshop的滤镜库以窗口浏览的模式提供常用的6种风格的滤镜组，每种滤镜组包括相似风格的不同滤镜效果。用户可以通过中间区域选择滤镜、右侧区域调整滤镜参数、左侧区域预览滤镜效果，实现一个或多个滤镜的堆栈使用。打开一张素材图片，执行菜单"滤镜">"滤镜库"命令，打开滤镜库对话框，如图10-15所示。

图10-15　滤镜库对话框

滤镜库参数设置

● 预览窗口：可以实时预览滤镜的最终效果。预览窗口下方的 □□+ 50% ∨ 可以调节预览画面的大小和显示的百分比。

● 滤镜库：以列表形式展示了"风格化"等6个滤镜组，单击前面的▶按钮可以展开滤镜组，以缩略图的方式显示每个滤镜。

● 参数区：用于设置所选滤镜的参数。

● 堆栈区：用于存放多个滤镜效果，使用的滤镜顺序是自下而上。单击底部的回按钮可以添加滤镜，单击回按钮可以删除当前所选的滤镜。

实例10-1 制作铅笔素描效果

操作步骤　　　实例视频

10.4　照片校正滤镜

　　镜头滤镜是一组专门对数码单反相机拍摄的照片进行后期调整的滤镜，可以调整数码照片的色彩、增加图像的广角透视、校正畸变等，对于广大的摄影爱好者来说，是一套非常实用的照片调整滤镜。

10.4.1　自适应广角

　　"自适应广角"滤镜可以校正由广角镜头拍摄所造成的画面扭曲，用户可以通过快速拉直照片中扭曲的线条，以校正全景图或使用鱼眼镜头、广角镜头拍摄形成的畸变，也可以使普通的照片看起来有广角等特殊效果，如图10-16所示。

图10-16　自适应广角滤镜校正照片

自适应广角参数设置

- 工具栏：用于绘制自适应约束线条，或对画面移动、放大等基本操作。
  - 约束工具：该工具可以在图像中绘制直线约束线条，用于设置线性约束，调整照片角度和缩放图像。按住Shift键可以使控制点沿水平或垂直的方向移动，按住Alt键可以删除约束线条。
  - 多边形约束工具：使用鼠标绘制多边形线框，用于设置多边形约束。
  - 移动工具：使用该工具拖动可以移动图像内容。
  - 抓手工具：当照片局部放大后，可以使用该工具在窗口中移动图像。
  - 缩放工具：在图像中单击，可以放大图像，按住Alt键单击，可以缩小图像。
- 校正：用于校正"鱼眼""透视""自动"和"完整球面"4种类型的照片畸变。
- 缩放：用于设置照片在预览窗口中的缩放比例。
- 细节：用于展示鼠标在预览窗口中的位置和细节。

10.4.2 Camera Raw滤镜

Camera Raw滤镜最早是以"插件"的形式安装于Photoshop中，该滤镜插件主要使用有关相机的信息及图像元数据来构建和处理彩色图像，用于解决对图像的修改和压缩等问题。现在Camera Raw已经成为Photoshop的内置滤镜之一，功能上包括编辑、污点去除、调整画笔、渐变滤镜、径向滤镜、消除红眼、预设及更多图像设置，可以对数码图像的白平衡调色、曲线调节、照片细节、混色器、颜色分级等分别进行调整。

打开素材图片，执行菜单"滤镜" > "Camera Raw滤镜"命令，即可打开Camera Raw对话框。如果在Photoshop中导入数码相机中的图片素材，则会直接打开Camera Raw对话框，如图10-17所示。

图10-17　Camera Raw对话框

Camera Raw滤镜参数设置

- 预览窗口：用于预览最终设置效果。
- 适应视图/按指定级别缩放：用于设置预览窗口显示的效果。
- 在原图/效果图间切换：该选项可以切换"原图"和"效果图"的显示方式，可以单独显示某个图像，也可以使用水平并列或者垂直并列的方式将前后两个图全部或局部显示，如图10-18所示。

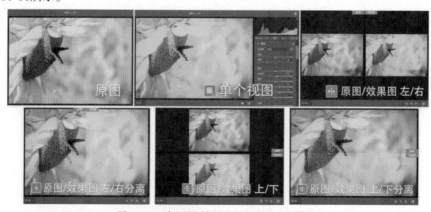

图10-18　在原图/效果图间切换的5种模式

- 切换到默认设置：重置所有滤镜修改，恢复到原图默认设置。
- 打开首选项设置：用于打开首选项设置对话框，可以对Camera Raw滤镜的"常规"参数和"性能"参数进行设置，如图10-19所示。

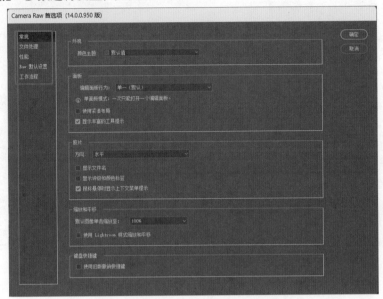

图10-19　"Camera Raw首选项"对话框

- 切换全屏模式：单击该按钮可以切换至全屏显示模式。
- 编辑：对照片的基本色调、曲线、细节、混色器等调色参数进行精细调色，如图10-20所示。

图10-20　Camera Raw滤镜"编辑"模式

- 污点去除：可以切换"修复"和"仿制"两种类型，对污点进行添加和擦除，功能类似于"修复画笔工具"。使用鼠标左键在预览图中绘制，可以设置"目标区域"和"源"，如图10-21所示。

图10-21　Camera Raw滤镜"污点去除"

- 蒙版：该选项可以使用多种方式绘制蒙版区域。如使用其中的画笔工具，对图像局部绘制蒙版，像建立选区一样，将调整的效果参数仅应用于蒙版中，如图10-22所示。

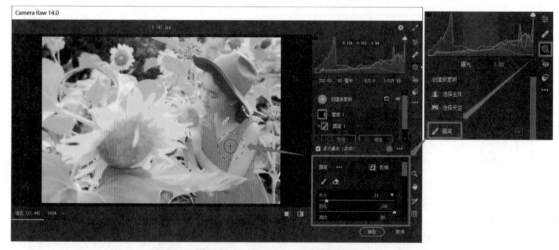

图10-22　Camera Raw滤镜"蒙版"

- 消除红眼：可以快速去掉人物照片中的红眼。在预览窗口中拖动选中红眼及周围部分区域，可以将红色部分去除，如图10-23所示。

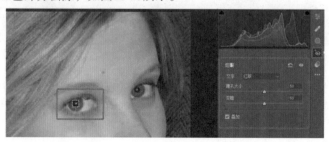

图10-23　Camera Raw滤镜"消除红眼"

- 预设：Camera Raw滤镜中直接提供了包括"人像""风格"等十几类调色预设效果。用户可以通过选择预设效果，实现一键调色。单击预设前面的☆按钮，可以将该预设添加到收藏夹中，如图10-24所示。

图10-24　Camera Raw滤镜"预设"调色效果

- 更多图像设置：单击该按钮，在弹出菜单中可以对Camera Raw滤镜进行应用和管理等基本操作，如图10-25所示。
- 抓手工具：使用该工具可以任意移动照片的位置，当照片放大显示时，使用"抓手工具"移动至照片某一局部位置，方便用户对照片进行更精准细致的处理。使用其他工具时，按住空格键，也可以变成"抓手工具"使用。
- 颜色取样器：使用该工具分别拾取照片上不同位置的颜色，可以得到1～9数字编号的RGB值，对不同位置的像素颜色进行取样对比，如图10-26所示。需注意的是，取样时照片的显示比例为100%时，才能取样到正确的RGB值。

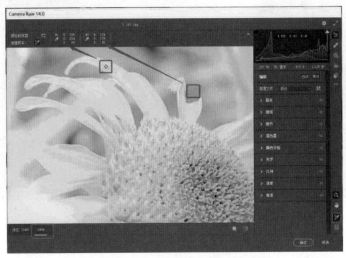

图10-25　更多图像设置　　　　　图10-26　"颜色取样器"叠加拾取颜色

- 切换网格覆盖：预览窗口覆盖网格的切换开关，用于在照片中叠加显示网格，如图10-27所示。

实例10-2　快速去除照片中的噪点

操作步骤　　实例视频

图10-27　切换网格覆盖

10.4.3　镜头校正

使用数码相机拍摄的照片，经常会因为环境等因素造成几何扭曲、色差、晕影等失真情况，"镜头校正"滤镜可以针对这些情况对照片进行校正，有两种校正类型：一种是"自动校正"，用户可以根据数码相机的型号、镜头型号、相机设置等信息直接搜索条件，让系统自动校正照片中出现的不足；另一种是"自定"，可以通过参数调整"几何扭曲""色差""晕影""变换"等达到校正效果，如图10-28所示。

图10-28　"镜头校正"对话框

"镜头校正"滤镜参数设置

- 设置：可以选择"镜头默认值""上一校正"等4种控件设置。
- 几何扭曲：在"移去扭曲"中设置扭曲校正，参数值为正时照片周围向外扩张，参数值为负时照片向内膨胀，如图10-29所示。
- 色差：校正图像中的色边，可以修复图像内围绕边缘细节的"红/青边""绿/洋红边"和"蓝/黄边"。

图10-29　几何扭曲为50%和-50%的效果

● 晕影：为照片添加或减少晕影，如图10-30所示。
  ‣ 数量：增加晕影变暗或变亮效果，数值为正时晕影越来越亮，数值为负时晕影越来越暗。
  ‣ 中点：选择晕影中点范围。

图10-30　"晕影"参数变化效果

● 变换：用于调整图像的透视变形，如图10-31所示。
  ‣ 垂直透视：垂直角度变形。
  ‣ 水平透视：水平角度变形。
  ‣ 角度：用于设置图像的旋转角度。
  ‣ 比例：用于设置图像的缩放比例。

图10-31　使用"变换"调整图像的透视变形

10.5 照片修改滤镜

在Photoshop中，还有几种专门对照片内容进行修改的滤镜，它们具有美化和修饰照片的作用。其中，"液化"滤镜经常使用在人像处理中，如瘦脸、瘦身等美颜效果，是爱美人士和图像后期处理用户非常喜爱的一款滤镜。"消失点"滤镜可以在透视平面的图像中进行校正编辑，如在建筑地面或侧面盖印或添加同样透视角度的图像。

10.5.1 液 化

"液化"滤镜，可以将图像的像素变成像液体一样，进行推、拉、旋转扭曲、褶皱图像的任意位移，多用于人像摄影的后期处理。"液化"滤镜随着Photoshop版本的不断升级，增加了自动识别人物面部的"人脸识别液化"功能，对于照片中的人物可以自动识别五官位置，并对"眼睛""鼻子""嘴唇""脸部形状"进行参数调节，实现快速调整人脸的目的，如图10-32所示。

图10-32 "液化"滤镜

"液化"滤镜参数设置

- 向前变形工具：该工具用于对画笔指定区域进行前后推拉变形，使用时先根据需要变形的图像边缘调整笔头大小，再局部进行细微的推拉涂抹，使图像局部出现液化变形的效果，如图10-33所示。
- 重建工具：如果对变形的效果不满意，该工具可以对液化变形的图像进行局部擦除重建，如图10-34所示。

图10-33 向前推拉变形

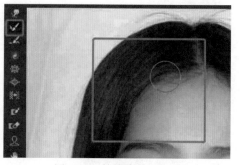

图10-34 擦涂将局部复原

- 平滑工具：可以将液化扭曲变形的部分变得平滑，如图10-35所示。
- 顺时针旋转扭曲工具：用于将图像局部画面进行顺时针扭曲变形，按住Alt键同时扭曲，可以向相反方向(逆时针)进行旋转扭曲，如图10-36所示。

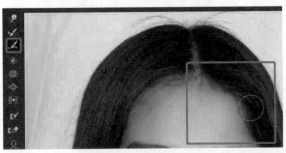 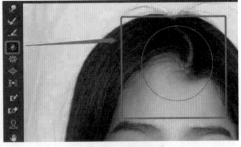

图10-35　让图像变得平滑　　　　　　　　图10-36　顺时针旋转

- 褶皱工具：用于将笔刷擦过的部分向内收缩，形成褶皱效果，按住Alt键擦涂则向外膨胀扩展，如图10-37所示。

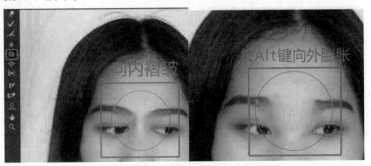

图10-37　褶皱和膨胀图像

- 膨胀工具：作用与"褶皱工具"相反，使用笔刷绘制可以使图像向外膨胀，按住Alt键使用该工具，可以实现褶皱效果。
- 左推工具：使用该工具向上推可将图像向左推进，向下推可将图像向右推进，按住Alt键作用相反。
- 冻结蒙版工具：可以对图像部分区域建立快速蒙版，形成保护区域不被液化变形。
- 解冻蒙版工具：可以将蒙版区域擦除解冻，如图10-38所示。

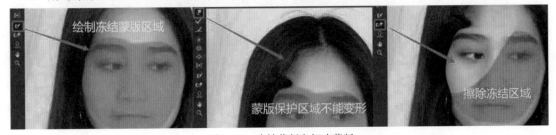

图10-38　冻结蒙版和解冻蒙版

- 脸部工具：智能识别图像中人物的面部，可以通过人物面部出现的轮廓进行手动调整，修改脸型、五官大小、五官位置等，是Photoshop中一款非常实用的智能脸部调整工具，其功能及效果参数可对应右侧属性中的智能人脸识别，如图10-39所示。

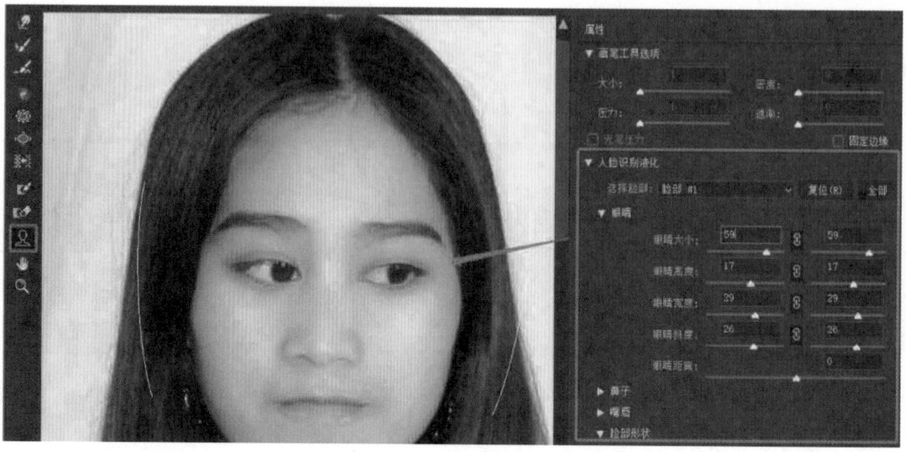

图10-39 脸部识别工具

- 抓手工具：将图像放大后，可以使用该工具对图像进行移动，以便观看局部效果。
- 缩放工具：可以对图像进行缩放，直接单击放大图像，按住Alt键单击缩小图像。
- 画笔工具选项：其中包括如下选项。
  - 大小：用于调整液化笔刷的半径大小。
  - 密度：用于更改画笔边缘强度。
  - 压力：用于更改画笔扭曲强度。
  - 速率：用于更改固定画笔绘制的速率。
- 人脸识别液化：通过参数设置，智能识别人脸进行液化调整。
  - 选择脸部：根据图像中出现的多个人脸配以编号，分别进行识别液化，如图10-40所示。

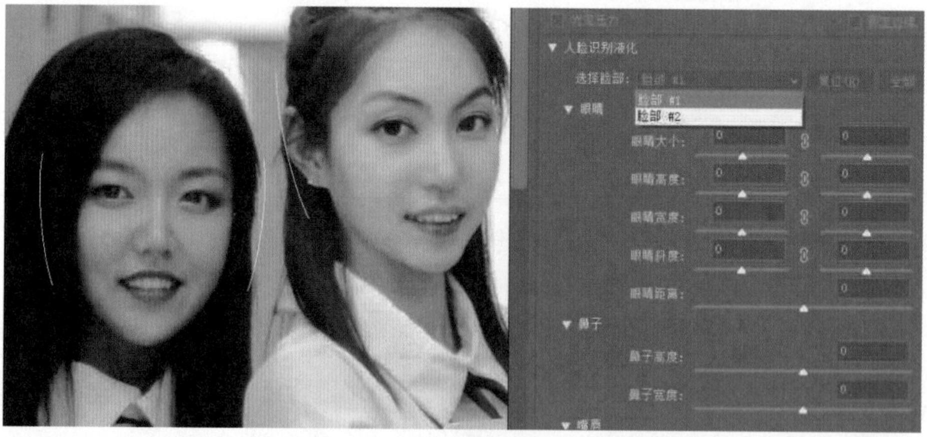

图10-40 人脸识别“选择脸部”

  - 复位/全部：“复位”重置当前人脸识别的所有调整；“全部”重置图像中所有人脸的液化调整。
  - 眼睛：用于调整左、右眼睛的大小、高度、宽度、斜度和两眼间距离，中间的链接按钮可以将左、右参数锁定，同时调整。
  - 鼻子：用于调整鼻子的高度、宽度。
  - 嘴唇：用于调整人物嘴唇的微笑弧度、上嘴唇厚度、下嘴唇厚度和嘴唇的宽度。
  - 脸部形状：用于调整人物脸部的轮廓，包括前额的垂直扩大或缩小、下巴的高度、下颌的水平扩大或缩小、水平扩大或缩小脸部的宽度。

- 载入网格选项：用于存储和调用当前液化调整的网格，勾选"视图选项"中的"显示网格"复选框，便可以看到当前图像中的网格，如图10-41所示。

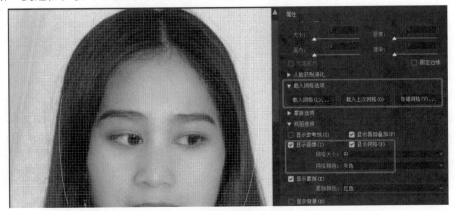

图10-41　载入网格选项

- 蒙版选项：用于设置与原图中存在的选区、透明度和图层蒙版的混合选项。
  - 替换选区■：单击该按钮显示原图中的选区、透明度和图层蒙版。
  - 添加到选区■：单击该按钮显示原图蒙版，可以将冻结区域添加到选区，如图10-42所示。

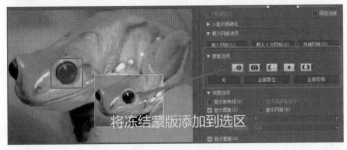

图10-42　添加到选区

  - 从选区中减去■：从冻结区域减去选区或通道的区域。
  - 与选区交叉■：当冻结区域与选区或通道交叉，可以得到交叉部分的蒙版区域。
  - 反相选区■：可以将当前选区部分反相为冻结区域，再次单击则还原。
  - 无：单击该按钮可以将所有冻结蒙版解冻。
  - 全部蒙住：单击该按钮，可以将图像所有区域冻结成蒙版。
  - 全部反选：可以将冻结蒙版与非冻结蒙版反选，如图10-43所示。

图10-43　全部反选冻结蒙版

- 视图选项：用于设置预览窗口中各项目的显示状态。
  - 显示参考线：在预览中显示Photoshop参考线。

- 显示面部叠加：在预览中显示面部特征叠加。
- 显示图像：在预览中显示图像。
- 显示网格：在预览中显示网格。
- 网格大小：用于设置预览中网格的大小尺寸。
- 网格颜色：用于设置预览中网格的颜色。
- 显示蒙版：勾选该复选框会显示蒙版，取消勾选则预览窗口中隐藏蒙版。
- 显示背景：该项设置在预览区域中显示"图层"面板中的其他图层。

实例10-3 制作Q版卡通人物效果

操作步骤　　实例视频

- 画笔重建选项：选择重建类型。
  - 重建：根据数值调整液化重建效果，单击该按钮，打开"重建"对话框，数值为0时完全重建，数值为最大时重建效果为0。
  - 恢复全部：将液化区域全部恢复重建。

10.5.2　消失点

"消失点"滤镜是用户在包含透视平面(例如，建筑物侧面或任何矩形对象)的图像中进行透视校正编辑、实现特殊效果的一种滤镜。使用"消失点"滤镜，用户可以在图像中指定透视平面，应用如绘画、仿制印章、拷贝粘贴及自由变换等编辑操作，而这些操作都会在提前绘制的透视平面中完成。

"消失点"滤镜还可以对三维图像添加贴图，系统会自动计算三维物体各面的透视程度，使效果更加逼真。执行菜单"滤镜">"消失点"命令，打开"消失点"对话框，如图10-44所示。

图10-44　"消失点"对话框

"消失点"滤镜参数设置

- 编辑平面工具 ：创建平面后可以使用该工具，以进行选择、编辑、移动平面和调整平面大小。

- 创建平面工具■：用于创建透视平面的4个角或单击图像中的透视平面，从而创建编辑平面。创建平面后，按住Ctrl键可以从伸展节点拖出垂直平面，如图10-45和图10-46所示。

图10-45　创建平面4个角点　　　　　　　　图10-46　按住Ctrl键创建垂直平面

- 选框工具■：在创建好的透视平面中单击并拖移可以选择平面上的区域，按住Alt键移动选区，可以将选区内容复制到目标位置，按住Ctrl键移动选区可以用源图像填充选区，如图10-47所示。

图10-47　使用选框工具将墙壁污渍去除

- 图章工具■：与"仿制图章工具"用法相同，按住Alt键设置取样点，再到其他位置单击或移动来绘制透视图案，如图10-48所示。

图10-48　使用图章工具盖印透视图案

- 画笔工具■：在透视平面中用指定颜色进行图像绘制或明亮度修复。
- 变换工具■：可以对选区进行移动、缩放、旋转等变形操作。如图10-49所示，将文字图像复制入消失点编辑的图像中，使用"变换工具"可以对文字图像的大小、位置和旋转角度进行调整，最后调整图层的混合模式，即可在透视图案中添加文字效果。

图10-49　调整文字形状后设置图层混合模式

- 吸管工具 ![吸管]：用于拾取画笔颜色。
- 测量工具 ![测量]：点按两点可以测量图像中对象的距离。
- 抓手工具 ![抓手]：用于在预览窗口中移动放大的图像。
- 缩放工具 ![缩放]：用于放大预览窗口中的图像，按住Alt键单击可以缩小图像。

实例10-4　制作包装盒贴图

操作步骤　　实例视频

10.6　风格化滤镜组

　　"风格化"滤镜组是通过置换像素和通过查找并增加图像边缘的对比度，生成各种风格的效果。其中有些滤镜并不适合单独使用，配合图层混合模式、图层蒙版、调整色调等命令使用，可以实现图像的艺术化处理。"风格化"滤镜组包括"查找边缘""等高线"等9种滤镜，执行菜单"滤镜">"风格化"命令，就可以在其中选择相应的滤镜使用。除此之外，滤镜库中的"风格化">"照亮边缘"滤镜，也属于"风格化"滤镜组中的一种。

10.6.1　查找边缘

　　"查找边缘"滤镜是将颜色对比较强的边缘查找出来。该滤镜没有参数对话框，对图像执行"查找边缘"命令，可以呈现白色背景上用深色线条勾画图像边缘的效果，它对于在图像周围创建边框非常有用，效果如图10-50所示。

图10-50　"查找边缘"滤镜效果

10.6.2　等高线

　　"等高线"滤镜用于查找图像亮度区域，并用细线勾画每个颜色通道，得到与等高线图中的线相似的结果。"等高线"效果类似于"查找边缘"，但边框线条要细很多，多用于制作细线条的速写效果。图10-51为"等高线"对话框及效果。

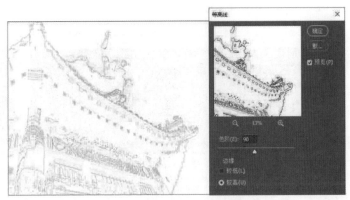

图10-51　"等高线"对话框及效果

　　"等高线"滤镜参数设置

● 色阶：用于查找图像中的轮廓区域，色阶值越大，等高线的线条越多，反之线条越少，但是当色阶值超过200以后，等高线轮廓反而迅速减少，如图10-52所示。

● 边缘：用于确定图像轮廓边缘类型，包括"较低"和"较高"两种。"较低"可以绘制图像较暗部分轮廓，"较高"可以绘制图像较亮部分轮廓。相比来说，"较高"类型绘制的边缘轮廓线比"较低"类型要更丰富一些，如图10-53所示。

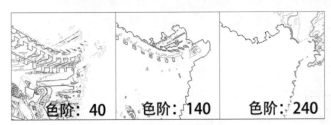

图10-52　"色阶"值变化效果

图10-53　两种"边缘"类型对比效果

10.6.3　风

　　"风"滤镜是在图像中创建细小的水平线及模拟刮风的效果，"风"效果只能是水平方向，如果需要其他方向的风效果，需要提前旋转画布再执行该滤镜。图10-54为"风"对话框。图10-55为应用"风"滤镜前后对比效果。

图10-54　"风"对话框

图10-55　"风"滤镜前后对比效果

"风"滤镜参数设置

- 方法：用于设置风力的大小，有"风""大风"和"飓风"3种效果，如图10-56所示。
- 方向：用于选择风吹来的方向，包括"从右"或"从左"，如图10-57所示。

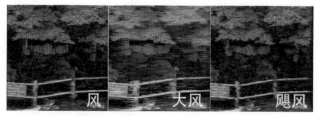

图10-56 "风"滤镜不同方法对比效果

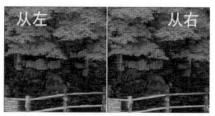

图10-57 "风"滤镜不同方向对比效果

10.6.4 浮雕效果

"浮雕效果"滤镜是通过将图像或选区内的填充色转换为灰色，并用原填充色描画边缘，从而使图像显得凸起或凹低。图10-58为"浮雕效果"对话框及制作的浮雕效果。

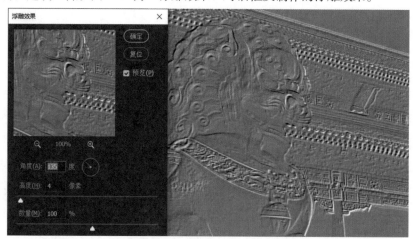

图10-58 "浮雕效果"对话框及效果

"浮雕效果"滤镜参数设置

- 角度：用于设置浮雕效果的光照角度。
- 高度：用于设置浮雕的凸起高度。
- 数量：用于设置图像保留的细节和色彩。

10.6.5 扩散

"扩散"滤镜是使用一定的方式搅乱图像或选区中的像素，使图像中明暗交界的像素之间产生类似溶解一样的扩散效果，对象是字体时，该效果呈现在边缘。打开"扩散"对话框，其参数设置如图10-59所示。

"扩散"滤镜参数设置

- 正常：图像的像素点随机扩散，图像的亮度不发生变化。

图10-59 原图及"扩散"对话框

- 变暗优先：以图像中较暗的像素点为主，优先进行扩散，图像适当变暗。
- 变亮优先：以图像中较亮的像素点为主，优先进行扩散，图像适当变亮。
- 各向异性：图像中所有像素进行均匀扩散，图像明暗交接处产生模糊效果。

　　"扩散"滤镜各模式效果如图10-60所示。

图10-60　　"扩散"滤镜4种模式对比效果

10.6.6　拼贴

　　"拼贴"滤镜是将图像分解成一系列类似于瓷砖方块的拼贴图案，并使每个方块上都含有部分图像，其参数对话框如图10-61所示。

"拼贴"滤镜参数设置

- 拼贴数：用于设置图像中横向和纵向均匀切分的拼贴块数量。
- 最大位移：用于设置每个拼贴块偏移的最大位移百分比，拼贴块在"最大位移"范围内随机移动。
- 填充空白区域用：用于设置拼贴块位移后空白区域的填充方式，包括使用"背景色""前景色""反向图像"和"未改变的图像"4种不同方式填充。图10-62为使用"背景色"为白色的"拼贴"滤镜效果。

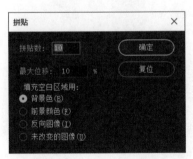

图10-61　　"拼贴"对话框

图10-62　　"拼贴"滤镜效果

10.6.7　曝光过度

　　"曝光过度"滤镜可以混合正片和负片图像，类似在冲洗过程的照片简单曝光加亮。该滤镜没有参数对话框，对素材图像使用"曝光过度"滤镜，就会出现如图10-63所示的效果。

10.6.8　凸出

　　"凸出"滤镜可以将图像转换为三维立方体或锥体，以此来改变图像或生成特殊的三维背景效果。打开"凸出"对话框，如图10-64所示。

图10-63 "曝光过度"滤镜效果

图10-64 "凸出"对话框

"凸出"滤镜参数设置

- 类型：用于设置凸出几何体的类型，包括"块"和"金字塔"两种类型，如图10-65所示。
- 大小：用于设置凸出几何体的大小，数值越大，几何体越大。
- 深度：用于设置凸出几何体的高度，参数越大，几何体越长。
- 立方体正面：勾选该复选框，只对立方体表面填充图像的平均颜色，而不是填充整个图像的颜色。
- 蒙版不完整块：勾选该复选框，包括蒙版在内的所有图像都在凸出范围内。

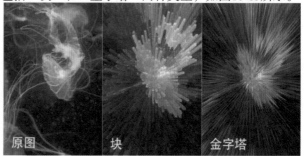

图10-65 两种凸出类型

10.6.9 油画

"油画"滤镜是使图像出现像油画一样的卷曲笔触，且具有凹凸质感的滤镜效果。打开"油画"对话框，如图10-66所示。

"油画"滤镜参数设置

- 描边样式：用于控制油画的纹理样式，数值越大，描边纹理越大。

图10-66 "油画"对话框及效果

- 描边清洁度：用于控制油画效果的描边长度，数值越大，描边线条越流畅，画面越整洁。
- 缩放：用于调整油画的纹理大小或表面颗粒粗细，数值越大，纹理效果越明显。
- 硬毛刷细节：用于调整画笔毛刷压痕的细节程度，数值越小，毛刷压痕越软，反之毛刷压痕越硬。
- 光照：用于调整光线照射的参数。
  - 角度：用于调整光线照射的入射角度。
  - 闪亮：用于调整光线照射的亮度和油画表面的反射效果。

10.6.10 照亮边缘

"照亮边缘"滤镜可以搜寻主要颜色变化区域并强化其过渡像素，产生类似霓虹灯的光亮效果。执行菜单"滤镜">"滤镜库"命令，在其中选择"风格化">"照亮边缘"，即可设置参数及预览效果，如图10-67所示。

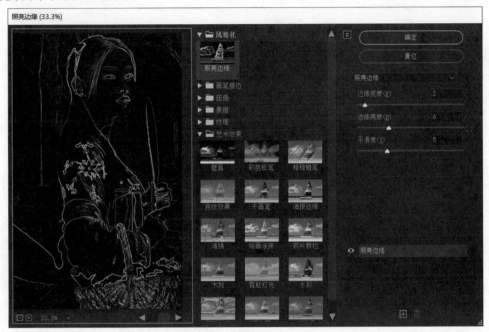

图10-67 "照亮边缘"对话框

"照亮边缘"滤镜参数设置

- 边缘宽度：用于设置边缘线条的粗细，数值越大，边缘宽度越大，边缘越亮。
- 边缘亮度：用于设置边缘线条的亮度，数值越大，图像中的线条越亮。
- 平滑度：用于设置图像中边缘线条的平滑度，参数对比效果如图10-68所示。

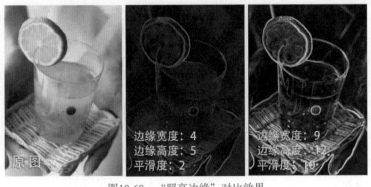

图10-68 "照亮边缘"对比效果

10.7 模糊滤镜组

在Photoshop滤镜中，拥有种类繁多、效果不同的模糊工具，其中，"模糊画廊"滤镜将模糊工具的变化类型又增进了一步，为用户处理各种照片效果和平面设计，提供了专业化、多样化的模糊效果。打开"滤镜"菜单，就可以看到"模糊"滤镜组和"模糊画廊"滤镜组中的各种滤镜，如图10-69所示。

图10-69 "模糊"滤镜组和"模糊画廊"滤镜组

10.7.1 表面模糊

"表面模糊"滤镜是在保留边缘的同时模糊图像，用于创建特殊效果并消除杂色或颗粒，常用于皮肤表面的磨皮处理。打开一张人物面部特写的照片，先使用"色彩范围"命令拾取人物脸部的皮肤，再执行菜单"滤镜">"模糊">"表面模糊"命令，就可以模糊处理其皮肤效果，反复几次同样操作，针对不同皮肤进行模糊处理，就可以快速进行脸部磨皮。"表面模糊"对话框如图10-70所示。

图10-70 "表面模糊"对话框

"表面模糊"滤镜参数设置

- 半径：以像素为单位，指定模糊程度的大小。
- 阈值：用于控制图像模糊影响的范围，即图像相邻像素色调值与采样点像素值相差多大时，才能成为模糊的一部分。

10.7.2 动感模糊

"动感模糊"是有运动感觉的模糊。"动感模糊"滤镜可以通过一定方向的画面拉伸产生类似运动的模糊效果，专门用于模拟物体在快速运动时，使用相机拍摄产生的模糊效果。"动感模糊"对话框如图10-71所示。

图10-71 "动感模糊"对话框

"动感模糊"滤镜参数设置

- 角度：用于设置动感模糊的方向参数，可以通过调整后面圆盘的方向线确定大致方向。
- 距离：用于设置动感模糊的程度大小，可以通过输入数值或者调整滑块的方式设置。

实例10-6 制作汽车幻影效果

操作步骤　　　实例视频

10.7.3　方框模糊

　　"方框模糊"滤镜是基于图像中相邻像素的平均颜色进行图像模糊，"半径"值越大，模糊效果越明显，如图10-72所示。

10.7.4　高斯模糊

　　"高斯模糊"滤镜是Photoshop中比较常用的一款模糊滤镜，它通过设置相应的值，达到更细致的模糊效果，"半径"值越大，图像越模糊，如图10-73所示。

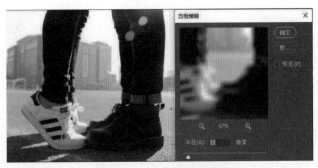

图10-72　"方框模糊"效果

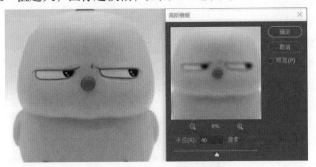

图10-73　"高斯模糊"效果

实例10-7　制作梦幻气泡效果
操作步骤　实例视频

10.7.5　进一步模糊

　　"进一步模糊"滤镜可以使图像产生一定效果的模糊，其用法与"模糊"滤镜相似，都是直接作用在图像上，但程度要比"模糊"滤镜更强烈一些。打开一个素材，执行菜单"滤镜">"模糊">"进一步模糊"命令，使用"缩放工具"放大图片数倍，可以看到图像细节处增加的模糊效果，如图10-74所示。

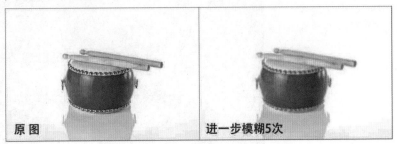

图10-74　"进一步模糊"效果

10.7.6　径向模糊

　　"径向模糊"滤镜可以使图像产生一种旋转或者放射的模糊效果，"径向"的中心点可以在对话框中单击设置，其模糊方式有"旋转"和"缩放"两种，可以制作沿中心点旋转的模糊效果和围绕中心点产生的放射性模糊效果，如图10-75所示。

　　执行菜单"滤镜">"模糊">"径向模糊"命令，打开"径向模糊"对话框，对其中的参数可以进行调节，如图10-76所示。

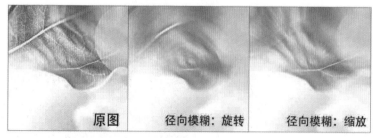

图10-75　"径向模糊"效果

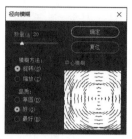

图10-76　"径向模糊"对话框

"径向模糊"滤镜参数设置

- 数量：用于设置模糊的强度数量，数量越大，模糊程度越高。
- 模糊方法：用于设置径向模糊的两种方法。
  - 旋转：围绕中心点进行旋转模糊。
  - 缩放：围绕中心点产生放射性模糊。
- 品质：用于设置模糊效果的质量级别，包括"草图""好"和"最好"3种级别。
- 中心模糊：用于设置径向模糊的中心点位置，按住鼠标左键并移动鼠标可以更改中心点的位置。图10-77为不同中心点位置的"旋转"和"缩放"径向模糊对比效果。

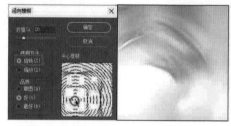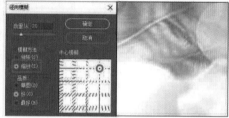

图10-77　中心点偏移的"旋转"和"缩放"径向模糊效果

10.7.7　镜头模糊

　　"镜头模糊"滤镜主要用于模拟照相机拍摄时，由于焦距、光圈、亮度等参数形成的景深模糊效果。执行菜单"滤镜">"模糊">"镜头模糊"命令，打开"镜头模糊"对话框，如图10-78所示。

　　"镜头模糊"滤镜参数设置

- 预览：用于设置预览效果，"更快"可以快速预览调整效果，"更加准确"可以精确计算模糊效果，但计算时间也会更长。

图10-78　"镜头模糊"对话框

- 深度映射：用于调整镜头模糊的焦距。
  - 源：选择具有深度映射信息的通道，包括"无""透明度"和"图层蒙版"。
  - 设置焦点：单击 ⊞ 按钮，可以在预览窗口中单击创建焦点。
  - 模糊焦距：用于设置"焦点"深度。
- 光圈：用于模拟光圈的形状和模糊范围的大小。
- 镜面高光：用于调整镜面高光的亮度和阈值大小。
- 杂色：用于设置为模糊效果添加杂色效果，通过调整杂色数量和分布方式设置杂色效果，还可以通过控制"单色"命令，设置添加的杂色为灰色。

10.7.8 模糊

"模糊"滤镜是一种模糊效果较为轻微的滤镜，它比"进一步模糊"效果更为轻微和细致，

执行菜单"滤镜">"模糊">"模糊"命令，即可为图像添加"模糊"滤镜效果，但因为其效果较小，因此需要多次按快捷键Ctrl+Alt+F才能看到明显的效果，常用于处理一些边缘过于清晰的图像效果。图10-79为执行12次"模糊"命令的效果。

图10-79 "模糊"效果

10.7.9 平均

"平均"模糊滤镜是通过系统计算找出图像或选区的平均颜色，使用该颜色填充图像或选区以创建平滑的外观。图10-80为原图与添加了"平均"模糊滤镜后的效果。

图10-80 "平均"模糊效果

10.7.10 特殊模糊

"特殊模糊"滤镜可以产生一种边界清晰、中心模糊的效果，该滤镜能够找到图像边缘并只模糊图像边界以内的部分。执行菜单"滤镜">"模糊">"特殊模糊"命令，打开"特殊模糊"对话框，如图10-81和图10-82所示。

图10-81 "特殊模糊"对话框

图10-82 "特殊模糊"3种模式

10.7.11 形状模糊

"形状模糊"滤镜是使用指定的形状内核创建模糊。从自定义形状预设列表中选择一种形状，并拖动"半径"滑块调整其大小，"半径"值越大，模糊效果越强烈，如图10-83所示。

图10-83 "形状模糊"效果

10.8 模糊画廊

"模糊画廊"是一组专门用于摄影后期调整的模糊工具，使用这些工具，可以通过直观的图像控件快速创建截然不同的照片模糊效果。每个模糊工具都能够通过"模糊画廊"对话框中的图像控件设置和控制模糊效果，设置完成模糊效果后，还可以使用"散景""动感效果"和"杂色"控件设置整体模糊的样式。

打开一张人物照片，先按快捷键Ctrl+J复制背景图层，使用"主体"等命令选取人物，添加10像素羽化效果，再反转选区，这样就得到了对周围环境可编辑的图像，执行菜单"滤镜">"模糊画廊"命令，选择其中任意一种模糊工具，就可以打开"模糊画廊"对话框，如图10-84所示。

图10-84 "模糊画廊"对话框

模糊画廊基本控件参数设置

- 选区出血：用于控制应用到所选区域的模糊量。
- 聚焦：用于控制中心受保护区域的模糊量。
- 将蒙版存储到通道：勾选该复选框，可以存储模糊蒙版的副本，按M键可以预览模糊蒙版效果，如图10-85所示。
- 效果：适用于"场景模糊""光圈模糊"和"倾斜偏移"。
  - 光源散景：用于控制模糊中的高光量。

- 散景颜色：用于控制散景的色彩，数值越大，颜色分布越均匀。
- 光照范围：用于控制散景出现处的光照范围。

以"光圈模糊"为例，散景效果如图10-86和图10-87所示。

图10-85 预览模糊蒙版效果

图10-86 "光源散景"为0%、50%、90%的对比效果

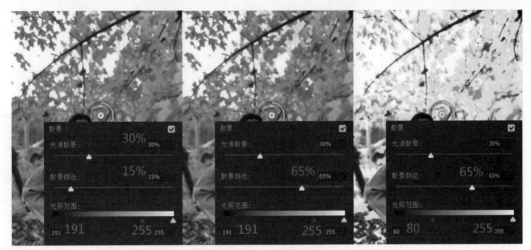

图10-87 "散景颜色"和"光圈范围"的变化对比效果

- 动感效果：适用于"路径模糊"和"旋转模糊"。
  - 闪光灯强度：用于控制环境光与闪光灯的模糊量。该选项控制环境光与虚拟闪光灯之间的平衡效果，如果"闪光灯强度"值为0%，不显示任何闪光效果，只显示连续的模糊；如果"闪光灯强度"值为100%，则会产生最大强度的闪光灯效果，但在闪光灯曝光之间不会显示连续的模糊；处于中间值时，会产生单个闪光灯闪光与持续模糊混合在一起的效果。
  - 闪光灯闪光：用于设置虚拟闪光灯的闪光曝光次数。以"路径模糊"为例，不同"闪光灯强度"和"闪光灯闪光"对比效果，如图10-88所示。
  - 闪光灯闪光持续时间：使用"旋转模糊"时启用。为"旋转模糊"调整每个闪光灯的有限持续时间。
- 杂色：包括"高斯分布""颗粒"和"平均"3种杂色类型。其中，"高斯分布"效果等同于"滤镜">"杂色">"添加杂色">"高斯分布"中的效果，杂色分布非常均匀；

"颗粒"等同于"Camera Raw滤镜"中的"添加颗粒",其颗粒效果较为明显;"平均"等同于"杂色滤镜"中的"平均",效果介于两者之间。

图10-88　闪光灯强度

- 数量:表示要添加到模糊区的杂色量。
- 大小:表示杂色颗粒的大小。
- 粗糙度:表示颗粒纹理的粗糙度。
- 颜色:表示要添加到模糊区的杂质颜色变化量。
- 高光:表示要应用到图像高光的杂色量。

10.8.1　场景模糊

"场景模糊"滤镜可以通过定义具有不同模糊量的多个"模糊点"创建渐变模糊。选择"场景模糊"后,预览窗口中便存在一个模糊点(图钉),鼠标以"图钉" ✚+ 形式单击在图像其他位置,便创建了一个图钉,并通过调节图钉周围的模糊句柄指定其模糊量,这个模糊量对应的是右侧参数区"场景模糊"的"模糊"参数,多余的图钉可以按键盘上的Delete键进行删除。

多个图钉的最终结果是合并图像上所有模糊点的效果,产生渐变模糊的效果,如图10-89所示。

图10-89　"场景模糊"创建渐变的模糊

10.8.2　光圈模糊

"光圈模糊"滤镜可以对图像模拟景深效果,无论是何种相机或镜头,都可以在后期制作前实后虚的景深效果。在使用"光圈模糊"滤镜时,也可以像"场景模糊"一样,添加多个图钉,定义两个以上的焦点,这是使用任何相机都无法实现的效果。

打开一个素材,为其复制一个背景图层,得到"图层1"。执行菜单"滤镜">"模糊画廊">"光圈模糊"命令,此时会在预览窗口出现默认的光圈模糊图钉,单击其他位置可以增加图钉,如图10-90所示。图10-91为光圈模糊示意图。

图10-90　创建图钉

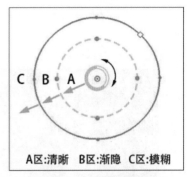

图10-91　"光圈模糊"示意图

操作规则

(1) 选中图钉中心，可以激活图钉进行编辑，按住"光圈"里面，光标显示为▶形状时，可以移动焦点的位置。

(2) 拖动句柄可以调节模糊数量，也可以通过右侧的"模糊工具"调整模糊值。

(3) 拖动"光圈"里侧的4个控制点，可以调节焦距范围。

(4) 拖动"光圈"周围的4个控制点，可以调整光圈圆度形状，或者调节光圈角度。

10.8.3　移轴模糊

"移轴模糊"也称作"倾斜偏移模糊"，使用"移轴模糊"滤镜用于模拟偏移镜头拍摄的照片效果。其特殊的模糊效果能够定义清晰区域，多用于模拟微距拍摄的对象产生的模糊效果。打开一个素材，执行菜单"滤镜">"模糊画廊">"移轴模糊"命令，可以打开相应的选项，如图10-92至图10-94所示。

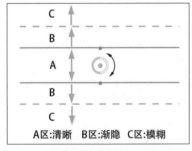

图10-92　"移轴模糊"示意图

图10-93　"移轴模糊"效果

图10-94　倾斜偏移设置

1. 操作规则

(1) 按住图钉中心，可以移动焦点的位置。

(2) 拖动句柄可以调节模糊数量，也可以通过右侧的"倾斜偏移"设置调整模糊值。

(3) 拖动A、B区域之间的实线位置，可以扩大或缩小清晰范围。

(4) 拖动B、C区域之间的虚线位置，可以扩大或缩小模糊范围。

(5) 按住Alt键拖动实线或虚线，可以使上下两侧同时调节。

(6) 按住实线中心的➡图标时，可以使轴向倾斜，调节模糊角度。

2. "移轴模糊"滤镜参数设置

● 模糊：用于控制模糊量。

- 扭曲度：用于控制模糊扭曲的形状，当模糊量增大到一定程度时，调整扭曲度可以看到明显变化。
- 对称扭曲：勾选该复选框，可以从两个方向同时扭曲，如图10-95所示。

图10-95　"扭曲度"和"对称扭曲"对比效果

10.8.4　路 径 模 糊

　　"路径模糊"滤镜常用于模拟沿路径产生的运动模糊，还可以控制路径形状和模糊程度。Photoshop可以自动合成应用于图像的多路径模糊效果，"路径模糊"的操作界面和参数设置如图10-96所示。

图10-96　"路径模糊"操作和设置

1. 操作规则

(1) 打开"路径模糊"选项时会直接存在一个路径，单击图像其他处可以继续创建路径。

(2) 单击某一条路径线时，可以激活该路径，在路径结束端会出现箭头。

(3) 单击路径线上位置，可以在路径上添加锚点，按住锚点可以调整锚点位置及路径曲度。

(4) 结束创建路径时，用左键单击最后一个路径锚点即可。

(5) 删除路径或锚点，可以在激活路径时，按键盘上的Delete键进行删除。

2. "路径模糊"滤镜参数设置

- 模糊选项：指定要应用的模糊类型，包括"基本模糊"和"后帘同步闪光"。
  - 基本模糊：指常规的模糊方式。
  - 后帘同步闪光：即原来的"后置同步Flash模糊"，用于模拟曝光结束时的闪光效果，如图10-97所示。

图10-97　不同模糊方式对比效果

- 速度：用于控制所有路径的整体模糊量，"速度"值越大，模糊越强，如图10-98所示。

图10-98 不同"速度"模糊对比效果

- 锥度：用于调整模糊边缘渐隐程度，"锥度"值较高会使模糊逐渐减弱，如图10-99所示。

图10-99 "锥度"变化对比效果

- 居中模糊：该复选框决定是否两侧的像素都取样模糊，取消勾选复选框，则只有单侧导向的运动模糊，如图10-100所示。

图10-100 "居中模糊"对比效果

- 终点速度：用于控制所选终点的模糊量，如图10-101所示。
- 编辑模糊形状：显示并控制每个起点和终点的可编辑模糊形状，如图10-102所示。

图10-101 "终点速度"对比效果

图10-102 编辑模糊形状

10.8.5　旋转模糊

　　"旋转模糊"滤镜可以在一个或多个点设置旋转和模糊图像。旋转模糊是等级测量的径向模糊，可以使用户在设置中心点、模糊大小、形状等参数时，实时观看预览效果，如图10-103所示。

　　"旋转模糊"在操作上与"场景模糊"相似，通过图钉确定模糊点位置，调节"模糊句柄"控制模糊量的变化。在一幅图像中还可以创建多个图钉，但不同的是，"旋转模糊"常与"动感效果"选项卡中的闪光灯参数配合使用，达到完美的旋转模糊效果。"旋转模糊"效果是模糊中心(C区)的模糊强度最大，B区逐渐减弱，A区模糊效果为0，其示意图及参数设置如图10-104所示。

图10-103　　"旋转模糊"效果

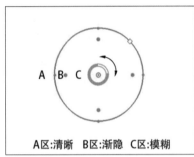

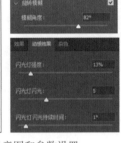

图10-104　　"旋转模糊"操作示意图和参数设置

10.9　扭曲滤镜组

　　"扭曲"滤镜组是"滤镜"菜单中的一组滤镜，利用几何原理对一幅图像进行变形处理，创造出三维效果或其他特殊效果。每一种扭曲滤镜都能够对图像中的所选区域进行扭曲、变形，产生一种或一种以上的特殊效果。

　　"扭曲"滤镜组中包括两部分滤镜：第一部分是"滤镜库"中的"玻璃""海洋波纹"和"扩散亮光"滤镜；第二部分是在"滤镜">"扭曲"菜单中，包括"波浪""波纹"和"极坐标"等9种扭曲命令。

10.9.1　玻璃

　　"玻璃"滤镜可以使图像产生一种隔着一层玻璃观看的效果，通过其"纹理"的设置添加不同类型的玻璃效果，但是这种滤镜不能应用在CMYK和Lab模式的图像中。

　　执行菜单"滤镜">"滤镜库"命令，在打开的"滤镜库"对话框中，选择"扭曲">"玻璃"选项，会显示"玻璃"的效果和参数属性，如图10-105所示。

　　"玻璃"滤镜参数设置

- 扭曲度：用于控制图像的扭曲程度。
- 平滑度：用于平滑图像的扭曲效果。

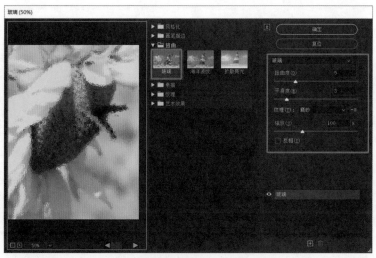

图10-105　"玻璃"对话框

- 纹理：用于设置指定的纹理类型，包括"块状""画布""磨砂"和"小镜头"，单击右侧的▼按钮，可以载入外部纹理类型，其类型为*.psd格式，效果如图10-106所示。

- 缩放：用于控制玻璃纹理的缩放比例。

- 反相：勾选该复选框，可以使图像的亮、暗区域互相转换，使玻璃纹理反向显示。

图10-106　"玻璃"滤镜的4种纹理效果

10.9.2　海洋波纹

"海洋波纹"滤镜可以使图像产生一种普通的海洋波纹效果，该滤镜不能应用在CMYK和Lab模式的图像中。

执行菜单"滤镜">"滤镜库"命令，在打开的"滤镜库"对话框中，选择"扭曲">"海洋波纹"选项，会显示"海洋波纹"的效果和参数属性，如图10-107所示。

"海洋波纹"滤镜参数设置

- 波纹大小：用于控制波纹的尺寸。

- 波纹幅度：用于控制波纹震动的幅度。

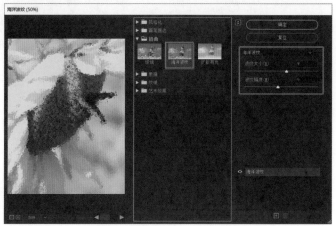

图10-107　"海洋波纹"对话框

图10-108和图10-109为不同程度的"波纹大小"和"波纹幅度"对比效果。

图10-108 不同"波纹大小"对比效果　　　　　　图10-109 不同"波纹幅度"对比效果

10.9.3 扩散亮光

"扩散亮光"滤镜可以为图像添加透明的背景色颗粒，使图像中较亮的区域向外扩散产生一种发光效果，发光颜色是Photoshop的背景色，发光效果由滤镜库中的参数决定。与前两种滤镜一样，"扩散亮光"也不能应用在CMYK和Lab模式的图像中。当背景色为"白色"时，"扩散亮光"滤镜的预览效果如图10-110所示。

图10-110　"扩散亮光"参数设置

"扩散亮光"滤镜参数设置

- 粒度：用于设置背景色颗粒的数量，数值越大，颗粒越明显。
- 发光量：用于设置图像的亮度，发光量越大，图像光线越强。
- 清除数量：用于控制背景色影响图像的范围，数值越大，不受影响的范围越大。

图10-111至图10-113为不同"粒度""发光量"和"清除数量"的对比效果。

图10-111 不同"粒数"对比效果

图10-112 不同"发光量"对比效果　　　　图10-113 不同"清除数量"对比效果

10.9.4　波 浪

"波浪"滤镜用于模拟产生类似于波浪一样的扭曲效果。打开一个素材，执行菜单"滤镜">"扭曲">"波浪"命令，打开"波浪"对话框，如图10-114所示。

图10-114　"波浪"对话框

"波浪"滤镜参数设置

- 生成器数：用于控制生成波的数量，范围为1～99。
- 波长：用于设置波峰之间的距离，由"最小"和"最大"值决定，两值范围均为0～999。
- 波幅：用于设置波的高度。其效果也是由"最小"和"最大"值决定，波幅的"最大"和"最小"值关系与"波长"一致。
- 比例：分别控制"水平"和"垂直"方向的变形比例，其参数为1%～100%。
- 类型：用于设置波动的类型，包括"正弦""三角形"和"方形"3种，如图10-115所示。

图10-115　"波浪"的3种类型

- 随机化：单击该按钮，可以指定一种波浪的随机效果。
- 未定义区域：用于显示图像变形后超出边缘的未定义区域，包括如下两种类型。
  - 折回：变形超出图像边缘的部分反转折回图像的另一边。
  - 重复边缘像素：图像中由于变形超出图像的部分，重复分布到图像边界，如图10-116所示。

图10-116　未定义区域类型

10.9.5 波纹

"波纹"滤镜可以使图像产生类似水波的效果。图10-117为"波纹"对话框。

图10-117 "波纹"对话框

"波纹"滤镜参数设置

- 数量：用于设置波纹的数量，范围为-999% ~ 999%。
- 大小：用于设置波纹的大小，类型包括"大""中"和"小"3种波纹，如图10-118所示。

图10-118 波纹不同大小效果

10.9.6 极坐标

"极坐标"滤镜是通过改变图像的坐标方式，使图像产生一种极点式的全景效果，其功能是可以将平面视角图像的坐标转换为极坐标，也可以将极坐标图像转换为平面坐标，如图10-119和图10-120所示。

图10-119 "平面坐标到极坐标"方式

图10-120 "极坐标到平面坐标"方式

10.9.7 挤压

"挤压"滤镜的作用是使图像中心产生向上凸起或向下凹陷的效果。打开一个素材,执行菜单"滤镜">"扭曲">"挤压"命令,打开"挤压"对话框,"数量"值为正时,图像向中心挤压;"数量"值为负时,图像中心向外膨胀,如图10-121所示。

10.9.8 切变

"切变"滤镜是利用添加控制点的方式,在竖直方向上弯曲图像的一种滤镜。打开一个素材,执行菜单"滤镜">"扭曲">"切变"命令,打开"切变"对话框,如图10-122所示。

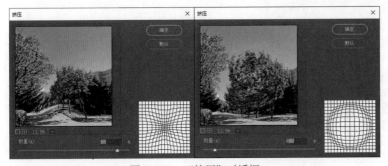

图10-121 "挤压"对话框

图10-122 "切变"对话框

"切变"滤镜参数设置

- 方格框的使用:单击方格框中心的实线,可以创建控制点,对于创建完的控制点,可以按住鼠标左键调整位置,以控制垂直线的曲度,进而发生扭曲变形,如图10-123所示。
- 未定义区域:图像扭曲变形后空白区域的填充方式。
  - 折回:切变后超出图像边缘的部分折回反转到图像对边的空白区域。
  - 重复边缘像素:超出图像部分拉伸重复,分布到图像空白区域。

图10-124为未定义区域的两种填充方式。

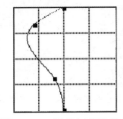

图10-123 调整切变控制点

图10-124 "未定义区域"两种填充方式

10.9.9　球面化

　　"球面化"滤镜可以使图像中心产生类似球形的扭曲变形，产生向外突出或向内凹陷的特殊效果，类似于"挤压"滤镜，"球面化"对话框如图10-125所示。

　　"球面化"滤镜参数设置

- 数量：用于控制图像变形的程度，数值为正时球面向外突出，数值为负时球面向内凹陷，参数范围为-100%～100%。
- 模式：球面变形的方向模式，分为如下3种类型。
  - 正常：画面整体或选区内球面均匀变形。
  - 水平优先：只在水平方向变形。
  - 垂直优先：只在垂直方向变形。

图10-126为不同设置的效果。

图10-125　"球面化"对话框

图10-126　不同数量和模式下的"球面化"效果

10.9.10　水波

　　"水波"滤镜可以模拟图像在水波中产生同心圆形态的波纹效果。打开一个素材，执行菜单"滤镜">"扭曲">"水波"命令，打开"水波"对话框，如图10-127所示。

　　"水波"滤镜参数设置

- 数量：用于控制水波纹的波幅强度，如图10-128所示。
- 起伏：用于控制水波纹的密度，数值越大，起伏效果越明显，如图10-129所示。

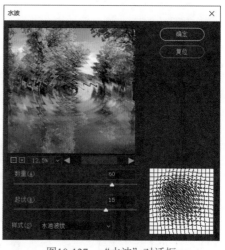

图10-127　"水波"对话框

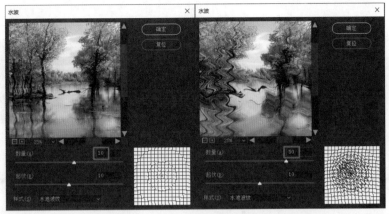

图10-128 "数量"为10和50的对比效果

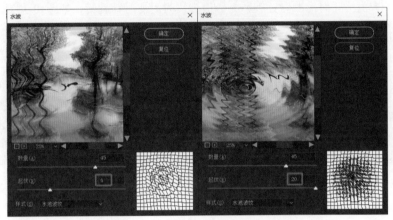

图10-129 "起伏"为6和20的对比效果

- 样式：该下拉列表中包括"水波"的3种不同样式。
  - 围绕中心：使水波围绕图像中心旋转。
  - 从中心向外：使水波从中心向外起伏扩散。
  - 水池波纹：波纹方向随着"数量"的变化置换到中心的斜侧方向。"数量"值为正时，水池波纹偏向左上方变化；"数量"值为负时，水池波纹偏向右下方变化，如图10-130所示。

图10-130 "水波"滤镜3种样式对比效果

10.9.11 旋转扭曲

"旋转扭曲"滤镜可以产生顺时针旋转或逆时针旋转变形的效果。打开一个素材，执行菜单

"滤镜">"扭曲">"旋转扭曲"命令，打开"旋转扭曲"对话框，如图10-131所示。

图10-131 "旋转扭曲"对话框

"旋转扭曲"对话框中只有一个"角度"设置，用于调整旋转的角度，数值范围为-999°~999°，数值为正时沿顺时针旋转，数值为负时沿逆时针旋转，如图10-132所示。

图10-132 不同角度的旋转扭曲

10.9.12 置换

"置换"是一款比较特殊的能够使图像发生扭曲、破碎的滤镜。通过选择一个PSD格式的图像文件作为置换图，根据置换图上的颜色控制源图像的位移效果。图10-133为"置换"对话框，设置完参数后单击"确定"按钮，即可打开图10-134所示的"选取一个置换图"对话框。

图10-133 "置换"对话框

图10-134 选择置换图

"置换"滤镜参数设置

- 水平比例：根据置换图的颜色值设置源图像在水平方向上移动的比例。
- 垂直比例：根据置换图的颜色值设置源图像在垂直方向上移动的比例。
- 置换图：用于设置置换图的使用方式。
  - 伸展以适合：置换时，将置换图的大小自动伸展以匹配源图像的尺寸。

- 拼贴：置换时，将置换图以拼贴方式重复覆盖在源图像上。
- 未定义区域：在该选项组中包括如下选项。
  - 折回：用于设置图像中超出图像边缘的部分折回反转到图像对边。
  - 重复边缘像素：超出图像的部分拉伸重复，分布到图像空白区域。

10.10　锐化滤镜组

　　用户在使用照片或图像素材时，经常会发现图像模糊不清的情况。产生模糊的因素有很多，可能是图像质量本身就不高，像素较少或图像分辨率较低；也可能在拍摄过程中由于相机抖动、光照不足、对焦不准、主体人物运动等问题，造成图像的模糊。

　　针对这种图像模糊不清的情况，Photoshop的"锐化"滤镜组中专门提供了6种锐化工具，帮助提高图像的清晰度。"锐化工具"可以快速地聚焦模糊边缘，提高图像整体或某一部分的清晰度或聚焦程度，增加像素颜色的对比度，使特定区域的颜色饱和度更高。但是"锐化工具"在使用时也要注意适度，过度的锐化处理会使得画面饱和度过强，画面效果反而不真实。

10.10.1　USM锐化

　　"USM锐化"是Photoshop图像处理中常用的一种工具，多用于锐化图像的边缘。该滤镜可以快速地调整图像边缘细节的对比度，在边缘的两侧生成亮暗两条线，将图像的轮廓清晰化。图10-135为"USM锐化"对话框。

图10-135　"USM锐化"对话框

"USM锐化"滤镜参数设置

- 数量：用于设置锐化的程度，参数范围为0%~500%。

当数量增大到较大值时，颜色就会因为接近纯色而失真，如图10-136所示。

- 半径：用于设置锐化的半径，该参数决定了图像边缘受锐化影响的像素数量。图像分辨率越高，"半径"值应设置得越大；"半径"值越大，锐化范围越广。
- 阈值：相邻像素之间的比较值，该值决定了像素颜色与周围区域像素的色差范围，只有当像素之间的对比度大于该值时才会产生锐化效果。当阈值为0时，锐化范围是整个图像，阈值越大，锐化效果越不明显。

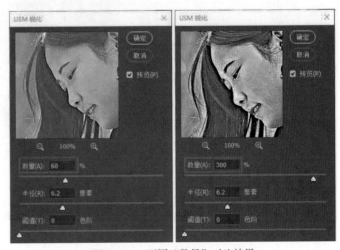

图10-136　不同"数量"对比效果

10.10.2 防抖

"防抖"滤镜可以有效地降低拍摄过程中由于相机抖动造成的照片模糊、噪点多等问题。打开一张较为模糊的图像素材照片，如图10-137所示。执行菜单"滤镜">"锐化">"防抖"命令，打开"防抖"对话框，如图10-138所示。

图10-137 模糊照片

图10-138 "防抖"对话框

"防抖"滤镜参数设置

- 模糊评估工具 : 在预览图中单击可以定位细节放大，当打开"高级"窗格时，拖动可以手动定义模糊评估区域，如图10-139和图10-140所示。

- 模糊方向工具 : 打开"高级"窗格时，可以手动指定模糊描摹的方向和长度。此时"模糊描摹设置"变成调整"模糊描摹长度"和"模糊描摹方向"，这两个参数都可以通过手动操作"模糊方向工具"绘制的线条来确定其长度和方向。

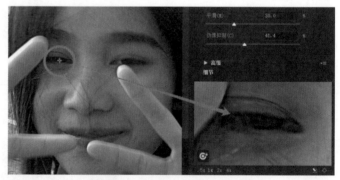

图10-139 使用工具单击定位细节

- 抓手工具 : 拖动可以在窗口中移动图像。

图10-140 使用工具框选模糊评估区域

- 缩放工具 : 单击或拖动可以放大图像，按住Alt键缩小图像。

- 预览：用于显示原始或校正的图像。

- 伪像抑制：用于控制由于锐化过度而出现的伪像。
- 模糊描摹设置：在该选项组中包括如下几项。
  - 模糊描摹边界：指定模糊描摹边界的大小，整个图像轮廓的基础锐化程度，参数范围为10～199像素。
  - 源杂色：指定源图像杂色校正，包括"自动""低""中"和"高"4种。
  - 平滑：将锐化导致的杂色变得平滑。
  - 伪像抑制：用于抑制较大的伪像。
- 高级：指定评估的取样范围。展开"高级"选项，可以使用"模糊评估工具"或"模糊方向工具"创建新的取样范围(模糊描摹)，新添加的取样范围可以与先前的"模糊描摹"同时存在，但也可以通过勾选来指定，如图10-141所示。

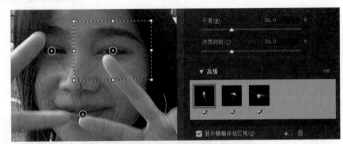

图10-141 指定模糊的取样范围

PS小贴士

"防抖"滤镜的参数并不一定要手动设置，实际上打开一张照片后，Photoshop会首先进行扫描并计算好预设的"模糊临摹边界"(注意："平滑"和"伪像抑制"不会自动设置)。这种系统自己计算设置好的参数一般来说是比较准确的，用户仅需要对照预览效果耐心修正一下其他参数，即可达到较好的效果。

10.10.3 进一步锐化

"进一步锐化"滤镜可以使图像的像素产生明显的锐化效果，用于提高图像边缘的对比度和清晰度。该滤镜执行时没有对话框，效果会直接作用在图像上，对图像执行菜单"滤镜">"锐化">"进一步锐化"命令，即可出现锐化效果，如图10-142所示。

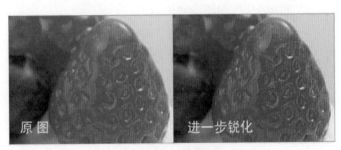

图10-142 "进一步锐化"效果

10.10.4 锐化

"锐化"滤镜能够直接增加相邻像素之间的对比度，提高清晰度，使用方式与"进一步锐化"一样，都没有对话框，但是锐化效果比"进一步锐化"还要轻微。图10-143为"锐化"效果。

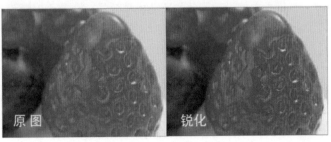

图10-143 "锐化"效果

10.10.5　锐化边缘

　　"锐化边缘"滤镜只锐化图像的边缘像素，同时保留图像整体的平滑度。该滤镜与"锐化"滤镜效果相似，锐化程度比较轻微，只锐化图像边缘，且没有参数对话框。执行菜单"滤镜">"锐化">"锐化边缘"命令，即可得到图10-144所示的效果。

图10-144　"锐化边缘"效果

10.10.6　智能锐化

　　"智能锐化"是一款功能较为强大的锐化滤镜，它比"USM锐化"滤镜增加了锐化控制功能，可以设置锐化算法、控制阴影区和高光区中的锐化量，有效地避免色晕等问题，使图像细节更加清晰。图10-145为"智能锐化"对话框。

图10-145　"智能锐化"对话框

"智能锐化"滤镜参数设置

- 预览：在图像上实时预览调整的效果。
- 预设：存储和调用"智能锐化"预设方案。
- 数量：用于设置锐化量，数值越大，像素边缘的对比效果越明显，参数范围为0%～500%。
- 半径：指图像边缘像素周围受锐化影响的范围，该值越大，受锐化影响的范围就越大，锐化效果就越明显。
- 减少杂色：用于控制减少锐化时出现的杂色，数值越大，杂色越少，图像就越平滑。
- 移去：用于设置图像锐化算法，主要包括3种算法："高斯模糊"是"USM锐化"中使用的主要算法；"镜头模糊"主要检测图像中的边缘和细节；"动感模糊"尝试减少由于相机或主体运动导致的运动模糊效果，在使用时需设置锐化的角度。
- 阴影/高光：用于调整画面中阴影和高光区域的效果。
  - 渐隐量：用于调整阴影/高光的锐化量。
  - 色调宽度：用于控制阴影/高光中间色调的修改范围。
  - 半径：用于控制每个像素周围区域的影响范围，该范围决定了像素是在阴影区还是高光区，向左移动滑块指定较小的区域，向右移动滑块指定较大的区域。

实例10-12　快速将模糊照片变清晰

操作步骤　　实例视频

10.11 像素化滤镜组

"像素化"滤镜组是根据图像的像素颜色将图像划分成不同的区域，将这些区域转换成一定规律的色块，再构成特殊效果的图像。该滤镜组中包括7种滤镜效果，使用时操作非常简单，只需要执行菜单"滤镜">"像素化"命令，选择其中的滤镜即可看到其效果。

10.11.1 彩块化

"彩块化"滤镜是使用纯色或者颜色相近的像素形成彩色色块，重新组成图像，产生类似手绘的效果。该滤镜没有参数对话框，针对图像质量较高的效果不明显，因此可以选择图像质量较低的素材观察效果，如图10-146所示为素材原图(图像大小为244KB)和使用"彩块化"滤镜后的效果。

图10-146 "彩块化"效果

10.11.2 彩色半调

"彩色半调"滤镜可以模拟在图像的每个通道上使用半调网屏的效果。工作原理是将一个通道分解为若干矩形，然后用圆形替换矩形，圆形的大小与矩形的亮度成正比。执行菜单"滤镜">"像素化">"彩色半调"命令，可以看到"彩色半调"对话框及前后对比效果，如图10-147所示。

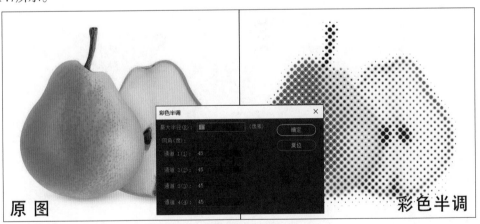

图10-147 "彩色半调"对话框及效果

"彩色半调"滤镜参数设置

- 最大半径：用于设置半调网屏的最大半径。
- 网角(度)：用于设置每个颜色通道的网屏角度，参数范围为-360°～360°。对于灰度图像，只使用"通道1"；对于RGB图像，使用"通道1""通道2"和"通道3"，分别对应红色、绿色和蓝色通道；对于CMYK图像，使用全部4个通道，分别对应青色、洋红、黄色和黑色通道。

实例10-13 制作海报效果

操作步骤　实例视频

10.11.3 点状化

"点状化"滤镜可以将图像分解为随机分布的彩色网点,模拟点状图的效果,彩色网点的间隙将填充背景色。执行菜单"滤镜">"像素化">"点状化"命令,打开该滤镜对话框,可以预览图像的点状化效果,其参数只有一个"单元格大小",用于调节图像中点状网格的大小。背景色为白色时的"点状化"对话框及素材应用滤镜的预览效果如图10-148所示。

图10-148　"点状化"对话框

10.11.4 晶格化

"晶格化"滤镜可以将图像中接近的像素形成一个纯色多边形色块,并重新绘制图像。执行菜单"滤镜">"像素化">"晶格化"命令,打开"晶格化"对话框,其中只有一个参数,通过调整"单元格大小"可设置多边形色块的大小,数值越大,色块就越大。"晶格化"对话框及素材预览效果如图10-149所示。

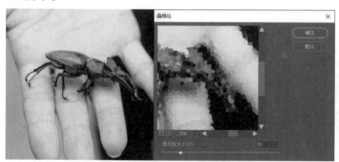

图10-149　"晶格化"对话框

10.11.5 马赛克

"马赛克"滤镜可以使图像中相近颜色的区域形成一个正方形的纯色块,再重新构成一个由方格组成的画面。将素材执行"马赛克"滤镜,打开其对话框,设置单元格大小,如图10-150所示。

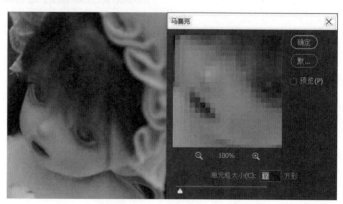

图10-150　"马赛克"对话框

10.11.6 碎片

"碎片"滤镜可以在图像上创建4个相互偏移、透明度降低的副本，产生一种重影的效果。该滤镜没有对话框，对素材图像执行菜单"滤镜">"像素化">"碎片"命令，即可看到碎片化效果，图像尺寸越小，碎片化效果越明显，如图10-151所示。

图10-151　"碎片"效果

10.11.7 铜版雕刻

"铜版雕刻"滤镜是使用黑白或者颜色完全饱和的网点或线条重新绘制图像，制作类似雕刻的版画效果。"铜版雕刻"滤镜共有10种类型，包括4种点状效果、3种直线效果和3种描边效果。执行菜单"滤镜">"像素化">"铜版雕刻"命令，打开"铜版雕刻"对话框，如图10-152所示。

"铜版雕刻"中各类型效果没有调节参数，选择类型效果后，单击"确定"按钮，实际效果如图10-153所示。

图10-152　"铜版雕刻"对话框

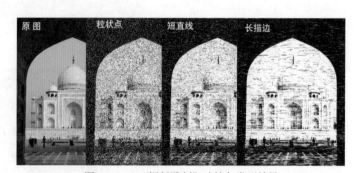

图10-153　"铜版雕刻"滤镜各类型效果

10.12 渲染滤镜组

"渲染"滤镜组是一组比较另类的滤镜，该滤镜组的特点是其自身可以产生特殊的图像，如新增的"火焰""图片框"和"树"3种滤镜，都可以脱离原图像素创建新的效果，或者比较传统的"云彩""分层云彩""纤维"滤镜等，可以利用前景色和背景色在图层中产生效果，还有利用不同光源照明产生"光照效果"和"镜头光晕"效果。这些滤镜不会因为素材图像不同而产生滤镜效果变化，但是这些滤镜在使用时会占用大量计算机内存，因此出现效果时会比其他滤镜效果慢很多。执行菜单"滤镜">"渲染"命令，即可看到其中的8种滤镜。

10.12.1 火焰

"火焰"是一款非常实用的滤镜效果，它是基于路径形态，模拟真实火焰的类型、长度、时间间隔等细节。用户在需要火焰效果时不必四处寻找火焰的PNG图片，使用"火焰"滤镜就可以制作各种类型的火焰效果。打开素材图片，新建一个图层，使用"钢笔工具"在图像中创建路径，执行菜单"滤镜">"渲染">"火焰"命令，打开"火焰"对话框，如图10-154所示。

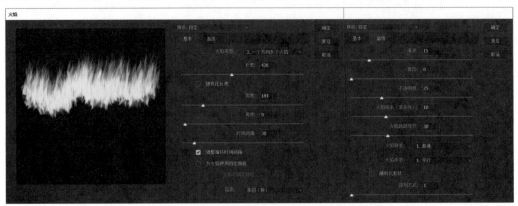

图10-154　"火焰"对话框

"火焰"滤镜参数包括两个面板："基本"面板用于设置常用的火焰参数，包括"火焰类型""长度""宽度"等，"品质"设置为"草图(快)"，可以加快预览速度，但效果品质精度比较差；"高级"面板用于设置"火焰"更多的细节参数，如火焰"湍流""锯齿"和"不透明度"等参数信息，从细节处得到更加丰富火焰的效果。图10-155为素材添加火焰滤镜效果。

图10-155　"火焰"效果

"火焰"滤镜参数设置

- 火焰类型：在该下拉列表中列出了火焰的6种类型，包括"1.沿路径一个火焰""2.沿路径多个火焰""3.一个方向多个火焰""4.指向多个火焰路径""5.多角度多个火焰""6.烛光"。创建的路径可以是一条，也可以是多条。只要选择了该路径，再选择"火焰类型"后，都会呈现一样的火焰效果，如图10-156所示。

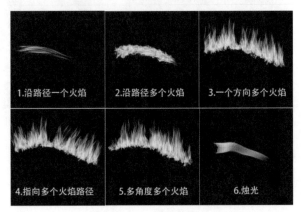

图10-156　6种火焰类型

- 长度/宽度/角度：用于设置火焰的长度、宽度和旋转角度。
- 随机化长度：勾选该复选框，可以随机分配一个新的火焰效果。
- 时间间隔：用于设置火苗间隔密度，范围为10～200，时间间隔越长，火苗越稀疏，如图10-157所示。

- 为火焰使用自定颜色：勾选该复选框，可以为火焰设定一个自定的颜色，区别于传统的黄色火焰，如图10-158所示。

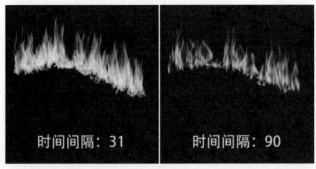

图10-157 不同时间间隔下的火焰变化　　　　　　　　　　图10-158 自定火焰颜色

- 复位：单击该按钮，可恢复到打开对话框的初始状态。
- 品质：用于设置预览品质，包括"草图(快)""低""中""高(慢)"和"精细(非常慢)"。
- 火焰样式：包括"普通""猛烈"和"扁平"3种不同样式。
- 火焰形状：包括"平行""集中""散开""椭圆"和"定向"5种形状，各形状效果如图10-159所示。

图10-159 火焰形状5种类型

10.12.2 图片框

"图片框"滤镜可以为图片添加各种不同类型的边框，默认类型多达47种。打开一个人物素材，新建一个空白图层，执行菜单"滤镜">"渲染">"图片框"命令，打开"图案"对话框，即可为图片选择合适的边框，并进行细致的参数调整，如图10-160所示。

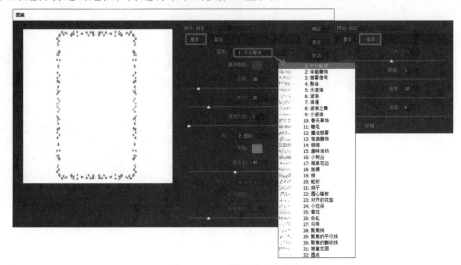

图10-160 "图案"对话框

用户在选择图案类型后，可以在下面的参数中调整该类型边框的"藤饰颜色""边距""大小"等参数，还可以切换到"高级"面板，调整图案的"粗细""角度"和"渐隐"效果，使边框更加好看。图10-161是为花朵素材添加"图片框"滤镜的效果。

原 图

图10-161 "图片框"效果

10.12.3 树

"树"滤镜能够非常直观地为图像添加各种树的造型，并且根据需要设置光照方向、叶子的数量和大小、树枝的高度和粗细等细节，使树的造型更加生动、逼真。打开"树"对话框，"基本树类型"下拉列表中包括34种不同的树，如图10-162所示。

实例10-14 制作图片合成效果

操作步骤 　 实例视频

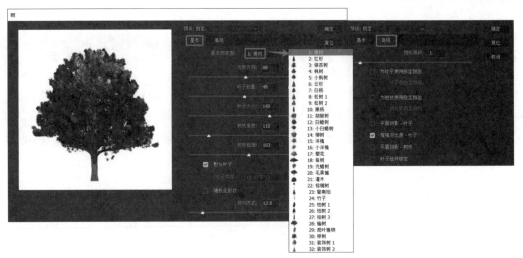

图10-162 "树"对话框

10.12.4 分层云彩

"分层云彩"滤镜是通过云彩数据与图像现有的像素颜色以差值的方式进行混合，图像的某些部分会以反相的方式形成云彩图案，还可以与其他技术配合使用，制作火焰、闪电等特效。"分层云彩"中的"云彩"由前景色和背景色混合形成，且只能对有像素填充的图层使用。该滤镜没有对话框，对素材执行菜单"滤镜">"渲染">"分层云彩"命令，不同的前景色和背景色搭配，可以出现不同的效果，如图10-163所示。

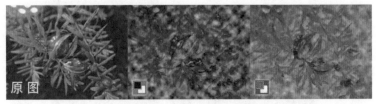

原 图

图10-163 "分层云彩"效果

10.12.5　光照效果

　　"光照效果"是一款强大的灯光照明效果滤镜，它可以模拟摄影场景中的3种光源颜色、聚光效果、曝光度、光泽等效果，包括17种光照预设，还可以自定义光照效果，可以在RGB图像上产生各种光照效果，还可以使用灰度文件的纹理(凹凸图)产生类似3D绘画效果。图10-164为打开的"光照效果"对话框。

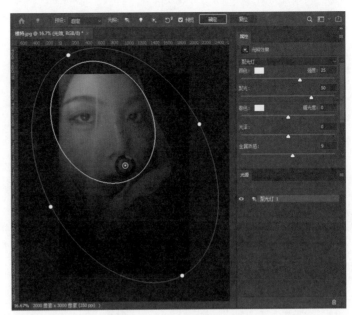

图10-164　"光照效果"对话框

"光照效果"滤镜参数设置

- 预设：系统提供了17种光照效果的预设方案可供选择，还可以载入和存储效果设置。

- 光照：单击"光照"后面的按钮，可以添加新的聚光灯、点光、无限光，或者重置当前光照。一个场景中可以添加多盏灯光，切换时可以在界面右侧的灯光堆栈中选择，如图10-165所示。

PS小贴士

　　调整光源的移动、缩放和灯光范围等效果时，将可以直接使用光标在预览框中拖选灯光的边框和节点，其对应右侧的参数会发生相应的改变。将光标放在节点或灯光曲线上时，会出现汉字标识，如"移动""缩放""旋转""聚光角度"等，即可进行对应效果的调整，如图10-166所示为聚光灯的调整。

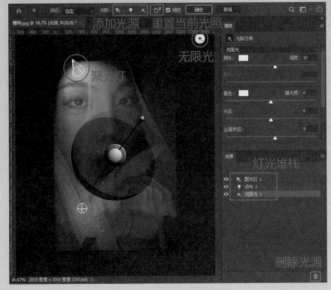

图10-165　添加新光源

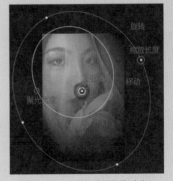

图10-166　调整光源(聚光灯)

- 光照效果：可以将当前所选灯光切换至其他两种灯光模式，包括"点光""聚光灯"和"无限光"。
- 颜色/强度：用于调整光照的颜色和亮度。
- 聚光：用于调整聚光灯的聚光范围。
- 着色/曝光度：指光照强度和材质的曝光度。
- 光泽：指材质的光泽。
- 金属质感：用于设置材质的金属质感。
- 环境：用于设置环境光照，值为0时，光源以外区域为黑色。
- 纹理：根据红、绿、蓝3种通道设置材质纹理，选择其中一个通道，调整高度值，即可看到材质纹理。
- 光源：堆栈放置场景中的各种灯光。如果需要删除多余的灯光，可以在堆栈中选中灯光，单击右下角的删除按钮 进行删除。

10.12.6 镜头光晕

"镜头光晕"滤镜可以模拟照相机镜头在日光照射下产生的各种光晕效果。打开"镜头光晕"对话框，其中，"亮度"可以调整光线的强度，"镜头类型"包括4种常见的产生光晕的镜头类型。图10-167为"镜头光晕"对话框。图10-168为不同镜头类型产生的效果。

图10-167 "镜头光晕"对话框

图10-168 4种镜头类型效果

10.12.7 纤维

"纤维"滤镜是使用前景色和背景色生成一种类似纤维的纹理效果，这种纹理制作时都是竖直方向，多用于制作木质纹理或者与照片叠加后的纹理效果。将前景色/背景色调成深/浅的棕红色，制作成木纹效果，如图10-169所示。在人物图层上方新建图层，在图层中使用"纤维"滤镜，再将图层混合模式设置为"正片叠底"，降低不透明度后形成照片纹理效果，如图10-170所示。

"纤维"滤镜参数设置

- 差异：用于控制纤维的差异变化，参数范围为1～64，值越大，纹理越深。
- 强度：用于控制纤维效果的疏密程度，值越大，纹理越密集。
- 随机化：单击该按钮，可以随机变化纤维效果。

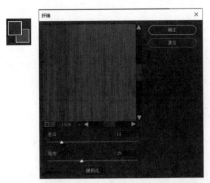

图10-169 "纤维"对话框和纹理效果

图10-170 使用"纤维"滤镜制作的照片纹理

10.12.8 云彩

"云彩"滤镜是使用前景色和背景色以随机方式填充云彩数据，应用在透明图层中，对原有图像中的像素完全覆盖。"云彩"滤镜没有参数对话框，使用时只需要执行菜单"滤镜">"渲染">"云彩"命令，即可看到云彩效果，而且每次重新执行时，会随机分配不同的云彩效果，如图10-171所示。

图10-171 不同前景色/背景色的"云彩"效果

10.13 杂色滤镜组

"杂色"滤镜组用于将图像中的噪点与周围其他像素融合，实现噪点去除，或者为了仿旧效果，专门在图像中添加杂色与刮痕。该滤镜组中包括5种滤镜，执行菜单"滤镜">"杂色"命令，便可以进行选择使用。

10.13.1 减少杂色

"减少杂色"滤镜专门用于降低图像中的杂色和噪点。打开一张小动物的素材图片，执行"滤镜">"杂色">"减少杂色"命令，打开其滤镜对话框，如图10-172所示。将预览区域放大至能看清具体的细节，其参数设置分为"基本"区和"高级"区："基本"区主要是减少杂色的整体设置参数；"高级"区增加了通道设置，可以根据图像通道分别去除杂色。

1. "基本"区参数设置

● 强度：设置用于减少图像明亮度中杂色的强度。

● 保留细节：设置图像整体要保留细节的量。

● 减少杂色：设置用于减少色差杂色的强度。

● 锐化细节：设置为恢复微小细节而锐化的量。

● 移去JPEG不自然感：控制因JPEG图像压缩而产生的不自然感。

2. "高级"区参数设置

● 通道：在其中单击切换到"每通道"选项卡，就可以在"通道"下拉列表中选择单独的红、绿、蓝通道。

● 强度：用于输入对应通道中减少杂色的强度。

● 保留细节：用于输入对应通道中需要保留细节的量。

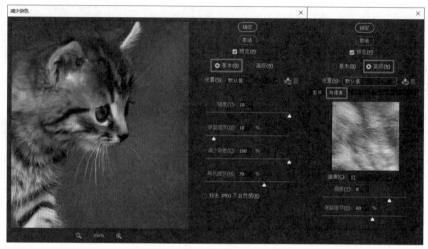

图10-172　"减少杂色"对话框

PS小贴士

　　"减少杂色"滤镜在去除图像杂色噪点方面功能强大，但是会或多或少丧失大量的图像细节和锐度，通过局部放大图像，可以看到还保留了多少细节。对小猫素材进行杂色去除，使用"减少杂色"滤镜效果，如图10-173所示。

图10-173　"减少杂色"效果

10.13.2　蒙尘与划痕

　　"蒙尘与划痕"滤镜多用于处理照片中一些较大的瑕疵，使之融入周围像素中，产生模糊除尘的效果，常应用在人物磨皮或老照片处理中，"蒙尘与划痕"对话框如图10-174所示。

"蒙尘与划痕"滤镜参数设置

- 半径：用于控制蒙尘和划痕的大小范围，以像素为单位。数值越大，去尘效果越明显。

图10-174　"蒙尘与划痕"对话框

- 阈值：用于控制像素间色差的范围，以色阶为单位。数值越大，像素间允许的色差范围就越大，去除杂色效果就越弱。

10.13.3　去斑

　　在处理图像中的微小瑕疵颗粒时，可以选择"去斑"滤镜，该滤镜可以对当前图像进行比较细微的柔化处理，类似于"模糊"滤镜，使用的时候可以根据图像质量进行多次的"去斑"处理，但去斑的同时也会降低图像的清晰度。执行"去斑"命令，效果如图10-175所示。

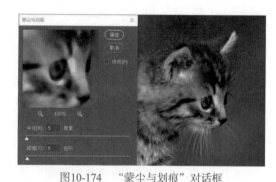

图10-175 "去斑"效果

10.13.4 添加杂色

"添加杂色"滤镜能够在图像中均匀地添加杂色，使图像增加细微的颗粒状纹理，呈现更多质感，通常摄影后期在处理完人像后，都需要人为地添加一些杂色，使数码照片更具大片质感。打开"添加杂色"对话框，如图10-176所示。

图10-176 "添加杂色"对话框

"添加杂色"滤镜参数设置

- 数量：用于设置杂色数量，数值越大，杂色越多。
- 分布：用于设置杂色分布的方式，包括"平均分布"和"高斯分布"两种。
  - 平均分布：杂色统一按画布大小平均分布。
  - 高斯分布：杂色按照高斯曲线分布，同数量时，高斯分布比平均分布杂色效果更强烈一些。
- 单色：原来添加的彩色杂色统一以黑白颜色分布。

10.13.5 中间值

"中间值"滤镜是采用杂色和图像周围颜色的平均值，进行像素边缘的平滑处理，从而产生模糊的效果。打开"中间值"对话框，可以看到其预览效果，其"半径"值决定了中间值平滑的程度，数值越大，平滑效果越强烈，图像越模糊，如图10-177所示。

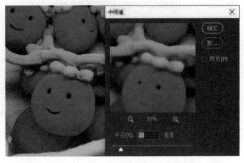

图10-177 "中间值"对话框

10.14 其他滤镜组

用户使用"其他"滤镜组中的滤镜，可以创建自己的滤镜、使用滤镜修改蒙版、使图像发生位移，还可以快速调整图像的颜色。"其他"滤镜组包括"HSB/HSL""高反差保留""位移"等6种滤镜，执行菜单"滤镜">"其他"命令，便可以选择其中的滤镜。

10.14.1 HSB/HSL

　　"HSB/HSL"滤镜是Photoshop专用于生产饱和度映射通道的插件，在Photoshop 2020版本之后，Adobe公司将其整合成为内置滤镜。HSB表示是以色相、饱和度和明度作为参数属性的颜色模式，HSL表示色相、饱和度和亮度的颜色模式。"HSB/HSL参数"对话框，如图10-178所示。

　　计算机领域中常用的RGB颜色在很多情况下不能满足设计师的创作要求，使用"HSB/HSL"滤镜可以实现RGB与HSB或HSL模式的相互转换，根据选择不同的模式，快速调整图像的颜色。当"输入模式"和"行序"不匹配时，就会出现模式转换的效果，如图10-179所示。

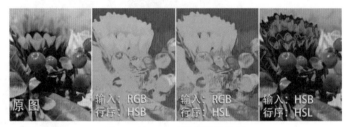

图10-178　"HSB/HSL参数"对话框　　　　　图10-179　RGB模式转换效果

10.14.2　高反差保留

　　"高反差保留"滤镜可以在有强烈颜色转变位置按照指定的半径保留边缘细节，且不显示图像其余部分。参数设置只有"半径"选项，数值越大，图像的边缘保留细节越多，当数值为最大1000像素时，其效果与原图一致。"高反差保留"对话框，如图10-180所示。

　　"高反差保留"常与图层混合模式结合使用，用于提高图像的亮度和边缘对比效果。如图10-181所示，是将复制的人物图层使用"高反差保留"（"半径"设置为55），"图层混合模式"设置为"柔光"模式时图像的效果。

图10-180　"高反差保留"对话框

图10-181　利用"高反差保留"滤镜提高人物的亮度和对比度

10.14.3　位移

　　"位移"是在水平或垂直方向偏移图像生成的空白区域，可以用"设置为背景""重复边缘像素"或"折回"方式进行填充。打开一个素材，执行菜单"滤镜">"其他">"位移"命令，打开"位移"对话框，设置参数及效果如图10-182所示。

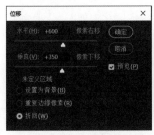

图10-182 "位移"对话框及效果

"位移"滤镜参数设置

- 水平：用于设置图像在水平方向移动的像素数量，向右移动滑块，参数变大，图像整体向右移动，反之图像向左移动。
- 垂直：用于设置图像在垂直方向移动的像素数量，参数越大，图像向下移动，反之图像向上移动。"水平"和"垂直"的参数范围是根据图像本身的宽度和高度决定，最小值是图像宽度/高度的2倍负值，最大值是图像宽度/高度的2倍。
- 未定义区域：用于设置图像移动后空白处区域的填充方式。
  - 设置为背景：图像移动后，空白区域以背景色填充。
  - 重复边缘像素：图像移动后，空白区域以重复并拉伸图像边缘像素填充。
  - 折回：图像移动后，超出图像边缘的部分折回反转到图像对边的空白区域。

> **PS小贴士**
>
> 由于"自定"滤镜需要通过一套完整的计算公式得到各种效果，不太容易理解，不够直观，因此用户并不多。但如果进行专业的图形图像处理时，可以运用"自定"滤镜的公式原理处理图像，它也是一款非常好用的工具。

10.14.4 最大值

"最大值"滤镜具有扩展白色区域、收缩黑色区域的效果。如图10-183所示，增加其"半径"值，即可扩展图像中的白色区域。

图10-183 "最大值"对话框

10.14.5 最小值

"最小值"滤镜具有扩展黑色区域、收缩白色区域的效果，其效果与"最大值"正好相反。如图10-184所示，增加其"半径"值，即可扩展图像中的黑色区域。"保留"参数中有"方形"

和"圆形"两种方法,即扩展区域放大后以何种形状进行填充,将"半径"值适当调大后可以看到其效果,如图10-185所示。

图10-184 "最小值"对话框

图10-185 两种保留方式

10.15 拓展训练

第11章
图像自动化处理

Photoshop除了擅长图像处理和设计以外，还包括许多特殊的功能，满足用户在办公领域的处理需求。动作、批处理等自动化功能，能够使用户在批量处理照片的过程中，简化重复、烦琐的操作步骤，加快处理图像的速度，避免大量重复操作带来的效果不统一等问题，使设计更加省时省力，十分轻松地完成复杂的工作。

本章主要讲解"动作"面板、"批处理"等自动化处理功能。用户在学习后能够熟练使用"动作"库中的动作一键完成图像效果，同时还能够根据实际需要自定义动作，批量处理图像效果。学习其他自动化处理功能，可以帮助用户快速地创建"批处理"文档和在指定位置创建"批处理快捷图标"等操作，目的都是为了帮助用户更快更好地对图像进行自动化处理，节省工作时间。

■ 知识点导读：
- 使用动作面板制作特殊效果
- 自定义动作
- 自定义动作批处理图像
- 批处理图像文件
- 自动化批处理应用

11.1 动作面板

"动作"是指在Photoshop中可以直接执行一系列操作的自动执行功能，可以在不同的素材图像中一键执行动作效果。"动作"面板中包括多个动作库和动作，执行菜单"窗口">"动作"命令，打开"动作"面板，用户通过选择其中的动作，单击"播放"按钮执行动作，也可以通过"新建"按钮记录新的动作，便于后面其他素材一键执行相同的操作，节省处理时间，提高制作效率。"动作"面板及各项参数如图11-1所示。

"动作"面板参数设置

- 切换项目开/关：表示动作组、动作和命令是否可以执行的开关，如果显示✔图标，表示可以执行，如果是空白则不能执行。
- 切换对话开/关：如果动作前面显示▣图标，表示该动作的操作中有需要用户进行交互的对话框，用户输入调整数值，单击"确定"按钮，就可以继续执行下面的动作命令。
- 停止播放/记录：用于停止动作"播放"或"记录"的状态。
- 开始记录：开始录制动作的命令，当执行"创建新动作"命令后，会启动"开始记录"功能，并进入动作录制状态。

图11-1 "动作"面板

- 播放选定的动作：用于对素材执行选定的动作。
- 创建新组：创建一个新的动作组。
- 创建新动作：创建一个新的动作。
- 删除：删除动作组、动作或动作中的步骤命令。
- 按钮模式：切换成"按钮模式"，会隐藏项目开关和对话开关，以及动作中的命令，以列表的形式显示所有动作按钮，如图11-2所示。
- 预备动作组：除了默认动作组以外，Photoshop还提供了几种不同类别的动作组，每个动作组包括一种或一种以上的同类别动作。图11-3为对图像中的文字执行预设动作组中的"文字效果">"水中倒影"产生的效果。

图11-2 "动作"面板中的
"按钮模式"

图11-3 预设动作组中的文字效果

11.2 加载外部动作

在Photoshop中除了自带的动作组和动作以外，还可以通过加载外部动作组增加动作效果。加载外部动作非常简单，只需要通过单击"动作"面板右上角的■按钮，选择面板菜单中的"载入动作"命令，如图11-4所示。在打开的"载入"对话框中，找到需要加载的外部动作，动作文件的后缀是*.atn，选中动作名称，单击"载入"按钮，就可以将该动作组加载到"动作"面板中，如图11-5所示。选择一个人物素材，再选择刚刚加载的动作库中的一个动作，单击动作组前面的▶按钮，就可以在展开的动作组中选择合适的动作执行效果，如图11-6所示。

图11-4　选择"载入动作"命令

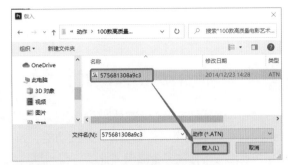

图11-5　加载外部动作

图11-6　外置动作组中的调色动作

11.3　自定义动作

"动作"面板中提供了多个动作组和动作，用户可以直接使用，还可以根据实际需要自定
义指定的动作，以提高工作效率。自定义动作时，需要
在"动作"面板中单击"创建新动作"按钮 ，在打开的
"新建动作"对话框中，输入需要设置的参数，即可开启
"开始录制"状态 ，录制操作步骤。结束操作时，单击
"停止播放/记录"按钮 ，即可完成自定义动作的记录，
如图11-7所示。

图11-7　"新建动作"对话框

PS小贴士

记录动作状态时，每一步操作都要小心操作、准确无误，因为所有的操作都会被记录在动
作中，也包括错误动作。如果操作时有错误或重复的操作，在停止记录后，也可以选择其中某
一个错误步骤，单击 按钮进行删除。

新建动作参数设置

- 名称：可以为新建的动作命名。
- 组：为新建的动作选择所属的动作组别，如"默认动
  作""图像效果"等。
- 功能键：为自定义动作设置快捷键，功能键选择从F2至
  F12，选择功能键后，用户还可以激活后面的Shift和Ctrl功能

实例11-2　自定义下雨动作

操作步骤　　　实例视频

键，选择组合功能键用于快速执行自定义动作。

● 颜色：用于设置动作的颜色，选择颜色后可以在"动作"面板中以特定颜色标识出来。

11.4　其他自动化处理功能

使用动作可以一键快速处理图像效果，实现图像的快速自动化处理。除了动作以外，Photoshop中还有很多其他自动化处理的功能，如"批处理""PDF演示文稿"等命令，可以帮助用户快速地一键处理多个图像文件。

11.4.1　批处理图像文件

"批处理"可以对一个文件夹中所有的素材图像进行统一的调整。执行菜单"文件">"自动">"批处理"命令，打开"批处理"对话框，通过指定"动作"等设置，将源文件夹中的图像进行统一动作处理，并存储在指定的文件夹中。"批处理"对话框如图11-8所示。

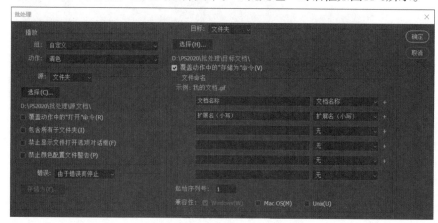

图11-8　"批处理"对话框

批处理参数设置

● 组：用于选择"动作组"。

● 动作：可以选择批处理使用的"动作"。

● 源：指定批处理图像的来源，从下拉列表中可以选择4种源类型，包括"文件夹""导入""打开的文件"和"Bridge"。

● 选择：当"源"或"目标"指定"文件夹"类型时，可以在此选择相应的文件夹，指定执行的文件夹路径。

● 覆盖动作中的"打开"命令：勾选该复选框，在执行动作时会越过"打开"的动作。

● 目标：用于指定批处理完成后的目标位置，用户可以选择3种目标类型，包括"无""存储并关闭"和"文件夹"。

● 覆盖动作中的"存储为"命令：勾选该复选框，可以用动作中指定的目标覆盖自定的"存储为"操作，即用户不需要对每一张图片进行"存储为"操作。

● 文件命名：用于指定目标文件的命名规则、起始序号及系统的兼容性。

实例11-3　批处理"裁剪画框"效果

操作步骤　实例视频

11.4.2 创建快捷批处理

当用户在工作中经常需要用到某种批处理功能时，可以使用"快捷批处理"功能，在计算机文件夹中创建一个快速批处理图像文件的小程序，以有效简化工作难度。执行菜单"文件">"自动">"创建快捷批处理"命令，打开"创建快捷批处理"对话框，如图11-9所示。

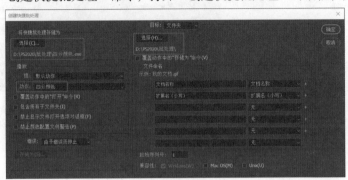

图11-9 "创建快捷批处理"对话框

创建快捷批处理的方法很简单，只需要提前设置好"快捷批处理"程序的存储位置、批处理文件的"目标文件夹"位置，并选择需要执行的"批处理动作"，单击"确定"按钮，就会在批处理程序存储位置出现一个➡图标的可执行程序，将需要批处理的图像或者文件夹拖入该图标，就会执行该批处理动作，完成的图片可以在"目标文件夹"中找到。图11-10为执行"默认动作"组中的"四分颜色"的动作效果。

图11-10 创建快捷批处理

PS小讲堂

如果创建快捷批处理的动作中没有"存储为"的动作，则每一步批处理操作都需要用户在Photoshop中进行"另存为"操作，即设置文件名、扩展名和文件位置等信息。因此，用户可以提前在批处理动作中添加"存储为"动作，将这些操作提前设置完毕，并在"创建快捷批处理"对话框中，勾选"覆盖动作中'存储为'命令"复选框，就可以将该操作在批处理动作中统一完成，不需要用户逐一存储图像了。

11.4.3 PDF演示文稿

Photoshop自动化处理中还可以将图片批量存储为PDF演示文稿，更加方便用户展示图像。执行菜单"文件">"自动">"PDF演示文稿"命令,打开"PDF演示文稿"对话框,如图11-11所示。

单击"浏览"按钮,就可以在"源文件"中添加需要演示的图片素材,也可以通过勾选"添加打开的文件"复选框,将Photoshop中已经打开的图像文件添加入"源文件"中。在右侧的"输出选项"中,可以选择"存储为"的方式:"多页面文档"可以将图片素材以多页面形式存储为

图11-11　　"PDF演示文稿"对话框

PDF文档格式;"演示文稿"不仅可以将图片素材以多页面形式存储为PDF文档形式,还可以设置文稿换片的间隔时间,打开该演示文稿,直接进入PDF演示模式,如图11-12所示。

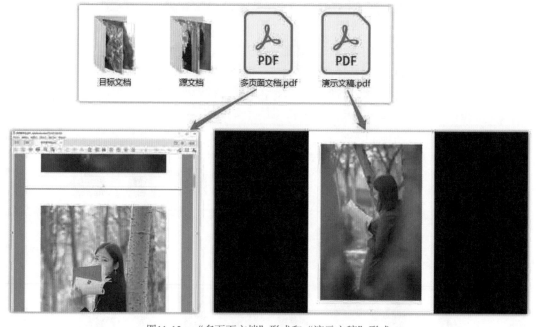

图11-12　　"多页面文档"形式和"演示文稿"形式

11.5　拓展训练

第12章
视频与动画制作

用户在制作网页或移动App界面时，经常会用到一些动态图像效果，为网页增添动感，使画面更具视觉冲击力。Photoshop完美融合了视频剪辑的一些简单功能，使用"时间轴"面板可以轻松制作网页版GIF动画，还可以对视频片段进行简单的组合、剪辑和转场。对于一些简单的视频剪辑操作，不必再转到其他软件编辑，通过Photoshop的"时间轴"功能就可以轻松实现这些效果，让网页设计更具动感和活力。

本章重点讲解视频时间轴的使用方法，通过"时间轴"面板制作GIF动画和视频动态效果，使图像由静变动，产生更强、更生动的视觉冲击效果。

■ 知识点导读：
- 时间轴面板的使用方法
- 视频时间轴剪辑视频和添加转场、音频的方法
- 关键帧动画的制作方法

12.1 选择时间轴模式

时间轴动画可以为静止的图像添加变化、有趣的动态效果，甚至可以对视频素材进行简单的剪辑，成为网页设计中颇具动感的视频素材。

Photoshop的"时间轴"面板有两种不同模式：一种是专门用于视频处理的视频时间轴面板；一种是用于创建GIF帧动画的帧动画面板。执行菜单"窗口">"时间轴"命令，打开"时间轴"面板，初次使用"时间轴"面板时，需要用户单击■按钮，选择需要创建的时间轴模式，然后再单击该模式按钮，就可以创建该模式时间轴，如图12-1所示。

图12-1 "时间轴"面板

12.2 视频时间轴面板

选择"创建视频时间轴"模式，进入视频时间轴面板。视频时间轴可以将不同图层的图像载入视频轨道中，如图12-2所示。需要注意的是，当用户对图像素材使用"视频时间轴"时，其背景图层直接转换成可编辑的"图层0"；如果图像中有除背景图层以外的其他图层，背景图层不显示在视频轨道层中，如果需要在背景图层进行视频编辑，则可以单击背景图层后面的■按钮，将其转换成"图层0"，如图12-3所示。此时就可以显示在视频轨道中，对其进行视频编辑。图像中有几个可编辑图层，视频时间轴中就会显示几个视频轨道。

视频时间轴面板参数设置

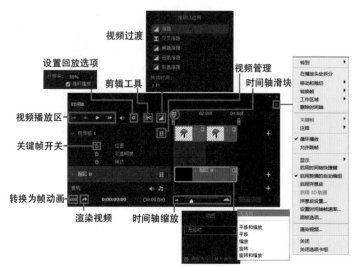

- 视频播放区：用于控制视频的播放控制，包括"转到第一帧""转到上一帧""播放(停止)"和"转到下一帧"。

- 设置回放选项：用于设置视频的分辨率和循环播放开关。

- 剪辑工具：单击 ✂ 按钮，可以在当前播放处剪辑拆分视频。

- 过渡效果：用于在视频组中对两段视频中间设置转场过渡效果，同时设置过渡时间。

图12-2　视频时间轴面板

- 视频组：当一个视频轨道中包括两个及以上的视频时，该轨道会形成一个视频组，统一进行"位置""不透明度"和"样式"的关键帧设置。

- 视频轨道：承载用于剪辑和设置关键帧等操作的视频。

- 音轨：用于存放为视频添加声音效果的音频。单击 ♫ 按钮即可弹出音频管理菜单，进行"添加音频"等操作，如图12-4所示。

- 视频管理：单击 ▣ 按钮即可弹出视频管理菜单，进行"添加媒体""新建视频组"等操作，如图12-5所示。

图12-3　"图层"面板

- 关键帧开关：单击视频轨道和音轨中的 ⏱ 按钮，可以打开关键帧开关，用于对当前时间点的"位置""不透明度"和"样式"的变化设置关键帧，如图12-6所示。如果是智能对象图层，则转换为对"变换"(自由变形)的关键帧设定，如图12-7所示。

图12-4　音频选项

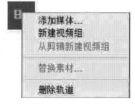

图12-5　视频选项

图12-6　普通图层关键帧设置

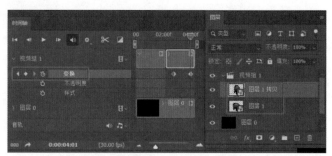

图12-7　智能对象图层关键帧设置

- 面板菜单：单击▤按钮可以弹出视频时间轴的面板菜单，其中包括视频时间轴面板中的所有控制和管理命令。
- 转换为帧动画：单击▦▦▦按钮，可以将当前的视频时间轴面板转换为帧动画时间轴面板。
- 渲染视频：单击➦按钮，可以对编辑好的视频进行最终渲染输入，在打开的"渲染视频"对话框中进行名称、文件夹位置、视频格式等设置，单击"渲染"按钮，进行渲染输出，如图12-8所示。

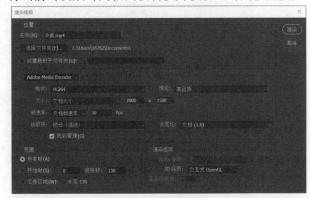

图12-8 "渲染视频"对话框

- 时间轴缩放：单击左右两侧的▲按钮可以缩小、放大时间轴，拖动中间的滑块可以控制时间轴显示比例，即微调时间轴。缩放时间轴时，视频的显示比例增加，时间长短不发生变化，如图12-9所示。

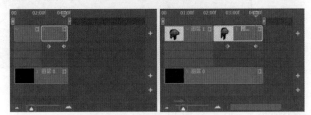

图12-9 缩放时间轴长度

12.3 使用视频时间轴

用户在使用Photoshop制作视频或动画的时候，可以将操作界面设置为"动感工作区"，更方便用户使用时间轴等面板进行创作。执行菜单"窗口">"工作区">"动感"命令，如图12-10所示。Photoshop工作界面会变成图12-11所示的动感工作区。

图12-10 执行"动感"命令

图12-11 动感工作区操作界面

12.3.1 新建视频文件

在Photoshop中创建一个视频文件与创建普通的图像文件方法一样，都需要在"新建文档"对话框中选择相应的文件类型，其中提供了媒体中通用的预设格式文件，用户也可以根据自己的实际需要自定义视频文件。

执行菜单"文件">"新建"命令，打开"新建文档"对话框，选择"胶片和视频"选项，就可以在下面的预设列表中选择合适的预设文件，也可以在右侧的"预设详细信息"选项中修改其中的参数，单击"创建"按钮，完成新建视频文件。选择新建"HDTV1080p，1920×1080像素@72ppi"的预设文件，如图12-12所示。

图12-12 "新建文档"对话框

12.3.2 新建视频图层和导入素材

在Photoshop中对视频或图像进行视频编辑的时候，往往需要新建或导入一些图像或视频素材，以丰富视频画面。导入的素材会以图层或视频组的形式显示在视频时间轴的视频轨道中，同时也会以视频图层的方式显示在"图层"面板中。

1. 新建空白视频图层

当创建视频文件后，在视频时间轴中只会显示一个视频轨道和一个音频轨道，用于存放文件的背景图层和添加的音频。但在一些特殊情况下，如添加滤镜等特效时，就需要增加新的视频图层或视频组才能对其编辑。用户可以通过"新建空白视频图层"和"从文件新建视频图层"的方式来实现。

执行菜单"图层">"视频图层">"新建空白视频图层"命令，可以为文件添加一个空白的视频图层，如图12-13所示。

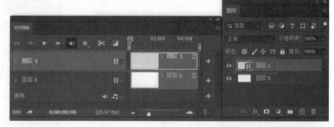

图12-13 新建空白视频图层

2. 从文件新建视频图层

执行菜单"图层">"视频图层">"从文件新建视频图层"命令，可以从外部文件夹中导入一个视频文件或视频序列，添加到新的视频图层中，如图12-14所示。

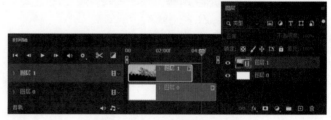

图12-14 从文件新建视频图层

3. 打开视频素材

在Photoshop中可以直接打开视频素材文件，执行菜单"文件">"打开"命令，在"打开"对话框中选择要使用的视频素材，单击"打开"按钮，可以将视频素材直接创建为视频文件，"图层"面板中会自动创建一个视频图层，如图12-15和图12-16所示。

图12-15　打开视频素材　　　　　　　　　　图12-16　打开视频直接创建视频图层

4. 将视频帧导入图层

用户可以根据实际需要，将视频导入图层中，制作成帧动画。执行菜单"文件">"导入">"视频帧到图层"命令，打开"打开"对话框，选择需要导入的视频，单击"打开"按钮，打开"将视频导入图层"对话框，如图12-17所示。在其中设置参数，单击"确定"按钮将视频导入时间轴。导入时间轴的视频以帧动画的形式显示，每一帧显示为一个图层，单击"播放"按钮▶可以预览视频效果，如图12-18所示。

图12-17　"将视频导入图层"对话框　　　　　　图12-18　视频帧显示

5. 将图像序列导入图像文件

视频素材有时会根据后期剪辑需要，制作成图像序列的形式，便于用户进行逐帧修改等操作。Photoshop可以根据这种情况将这些连续的图像序列导入时间轴中，形成一段完整的视频动画。

执行菜单"文件">"打开"命令，打开"打开"对话框，选择视频序列的第一帧画面，并勾选"图像序列"复选框，单击"打开"按钮，在弹出的"帧速率"对话框中设置视频播放的速率，就可以将该视频的图像序列导入视频时间轴中，如图12-19至图12-21所示。

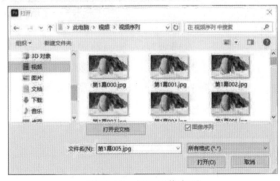

图12-19　打开图像序列

图12-20 设置帧速率

图12-21 创建图像序列视频

12.3.3 调整时间轴中素材的长度

将视频素材导入视频时间轴中，用户便可以对素材进行编辑。视频素材根据实际需要，必须对时间长度进行控制。控制视频时间长短，可以通过直接调整结束端位置或者视频剪辑的方式完成，视频剪辑的长度以帧或秒为时间单位，如"01:00f"表示1秒，"15f"表示15帧。

1. 直接缩放调整视频素材长度

直接调整时间轴，使视频整体显示出来。使用鼠标左键按住视频素材的末端，向左拖动至目标时间位置，此时在素材上方会显示预览窗口，显示素材"终点时间"和"持续时间"。调整视频素材起始端长度，也可以通过鼠标左键拖拉，移动素材起始点位置的方式进行，起始端改变的视频素材，会直接将调整后的素材放置到该视频原来所在视频轴的起始位置，如图12-22所示。

图12-22 直接缩放调整视频起点和终点位置

2. 使用"剪辑拆分工具"调整视频长度

使用"剪辑拆分工具" ✂能够将时间指针所在位置的视频裁剪拆分，用户可以根据需要选择片段是保留还是删除，如图12-23所示。

图12-23 拆分视频段

12.3.4 渲染和输出视频

当视频制作完成后，就可以对视频进行渲染和输出。单击视频时间轴底部的 按钮，打开"渲染视频"对话框，用户可以在其中设置输出视频的名称、文件夹位置、文件格式、预设文件大小、文档大小、帧速率等信息，如图12-24所示。

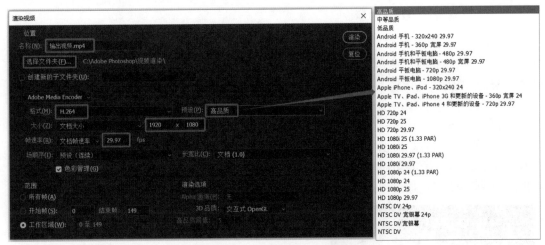

图12-24 "渲染视频"对话框

当用户根据需要进行一系列设置之后，单击右侧的"渲染"按钮，就可以对视频进行渲染和输出，此时可以看到一个"正在导出视频"的进度条，如图12-25所示。最终视频文件保存在提前设置好的文件夹中，如图12-26所示。

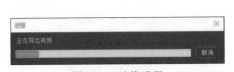

图12-25 渲染进程

图12-26 输出到文件夹

12.3.5 视频组使用过渡转场效果

一段完整的视频编辑，往往需要多段素材的剪辑和组接，由多个视频画面组合，形成具有一定情节或逻辑关系的片段。画面之间组接时，有时就需要使用过渡转场效果让两个画面自然地过渡衔接。过渡转场效果可以用在视频的开头和结尾，用于衔接前后的其他视频，使多个视频在播放时能够过渡得自然、流畅。

12.3.6 设置视频关键帧

在视频片段中设置关键帧，可以使用户在某一时间点设置对象的"位置""不透明度"等效果，以产生各种变化效果。每一个关键帧都会记录下一个变化的状态，而一个对象的变化至少需要设置两个关键帧的变化，用于区分对象变化前后的不同状态。

设置视频关键帧非常简单，用户可选择需要调整的视频片段，提前将时间指针放置在相应的时间位置，单击开启关键帧动画按钮 ，即可为当前的变化状态设定关键帧。

12.3.7　添加视频特效和音频

在Photoshop中制作视频的好处之一，就是可以将图像、视频、文字等素材，根据不同图层添加"调整图层""变形""不透明度"和"样式"等关键帧效果动画，以制作各种生动有趣、活泼动感的视频效果。

例如，在一个背景图层上方添加一个文字图层，就可以为其添加"不透明度"和"效果"，就能制作淡入淡出和各种渐变发光的样式效果了，如图12-27所示。

视频时间轴不仅可以对视频素材进行编辑使用，而且可以为视频添加音频效果。打开视频时间轴，单击音轨右侧的🎵按钮，在弹出菜单中选择"添加音频"命令，打开"打开"对话框，查找合适的音频素材添加到音轨中，如图12-28所示。

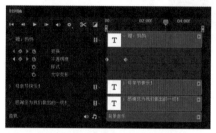

图12-27　为图层的不透明度和
样式效果添加关键帧

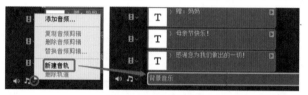

图12-28　添加音频

PS小讲堂

Photoshop中可以识别的视频和音频文件类型比较全，常见的视音频格式都可以导入使用，其剪辑方式和视频素材一样。单击"打开"对话框中的"所有格式"下拉按钮，就可以看到Photoshop中可以识别的视频和音频格式类型，如图12-29所示。

所有格式
视频 (*.264;*.3GP;*.3GPP;*.AVC;*.AVI;*.F4V;*.FLV;*.M4V;*.MOV;*.MP4;*.MPE;*.MPEG;*.MPG;*.MTS;*.MXF;*.R3D;*.TS;*.VOB;*.WM;*.WMV)
音频 (*.AAC;*.AC3;*.M2A;*.M4A;*.MP2;*.MP3;*.WMA;*.WM)
所有格式

图12-29　视频和音频格式类型

添加到音轨中的音频素材，可以像视频或图片素材一样调整时间长度，将时间指针放置到结束时间处，单击✂按钮就可以将其剪辑拆分，去掉多余的素材，如图12-30所示。

音轨中的音频素材还可以设置音量和淡入淡出效果，单击音频素材末端的▣按钮，可以在打开的对话框中设置"音频"选项，其中可以对声音素材"音量"和起始点、结束点的"淡入""淡出"效果进行设置。"淡入"可以为整段音频素材的开头设置音量从无到有的时间。例如，淡入时间为1.00秒，表示音频播放从0～1秒内音量从0到正常大小。"淡出"为音频素材的结尾设置音量渐隐效果。例如，淡出时间为2.00秒，整段音频为5.00秒，则音频播放从4秒开始音量减弱，到5秒的时候逐渐消失，如图12-31所示。

图12-30　剪辑素材

图12-31　设置音频淡入淡出效果

实例12-3　制作母亲节电子贺卡

操作重点　　实例视频

12.4 帧动画时间轴面板

帧动画时间轴面板是使用帧画面的方式设置播放时间和动画形式，通常用于制作网页中时间较短的动态图像，动画格式一般为GIF动画格式。首次打开"时间轴"面板时，选择"创建帧动画"类型，或者在视频时间轴面板中单击 ▨ 按钮，即可切换为帧动画时间轴面板，如图12-32所示。

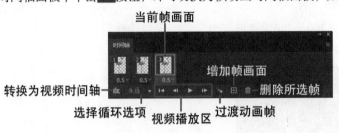

图12-32 帧动画时间轴面板

帧动画时间轴面板参数设置

- 当前帧画面：显示当前所选的帧画面，通过"图层"面板中设置图层的可见性，可显示当前帧的画面效果，单击帧画面下的数字可以设置帧延迟时间，如图12-33所示。
- 转换为视频时间轴：单击 ▨ 按钮，可以立即转换为视频时间轴面板。
- 选择循环选项：用于设置播放循环次数，可以选择"一次""三次""永远"和"其他"，选择"其他"选项，可以自定义循环次数。
- 视频播放区：用于控制视频播放/停止、转到第一帧等操作。
- 过渡动画帧：用于设置两帧之间的过渡画面，单击 ▨ 按钮，打开"过渡"对话框，进行过渡帧数的设置，如图12-34所示。

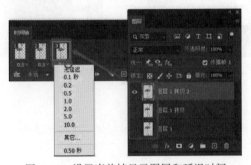

图12-33 设置当前帧显示图层和延迟时间

图12-34 "过渡"对话框

- 增加帧画面：单击 ▨ 按钮，可以复制当前所选的帧画面至新的帧画面，用户可以根据需要对不同的帧画面进行改动。
- 删除所选帧：单击 ▨ 按钮，可以将当前所选的帧删除。

12.5 使用帧动画时间轴

使用帧动画时间轴可以制作简单的动图效果，动作不像视频一样连贯，但帧动画独特的逐帧变化风格可以更加生动地展现画面或文字的变化，因此，帧动画被广泛应用于网页设计、广告宣传、App界面设计等领域。

12.5.1　创建帧动画

Photoshop中的帧动画是根据图层间的变化设置帧画面的，在创建动画之前，可以将不同状态的图像素材导入背景图像中，以方便创建帧动画。

实例12-4 应用帧动画时间轴

操作重点　实例视频

1. 新建空白图像文件

新建一个大小为700×700像素的空白文件，设置名称为"创建帧动画"，如图12-35所示。将素材"火烈鸟.jpg"导入空白文件中，按快捷键Ctrl+T调整大小，如图12-36所示。

图12-35　创建空白文件

图12-36　导入素材

2. 复制图层并命名

在"图层"面板中，选择"图层1"并右击，选择快捷菜单中的"复制图层"命令，得到"图层1拷贝"，如图12-37所示。将两个图层重新命名，双击图层名称，将"图层1"命名为"动态1"、"图层1拷贝"命名为"动态2"，如图12-38所示。

图12-37　复制图层　　　　图12-38　重新命名图层

3. 调节角色形态

此时两个图层的画面是一样的，如果要制作帧动画效果，要使图层之间的画面产生变化，因此需要对"动态2"图层进行变形。选择"动态2"图层，执行菜单"编辑">"操控变形"命令，将图像变成网格状，使用鼠标在角色的关节处添加控制点，如图12-39所示。使用鼠标左键按住控制点，调整角色形态，将火烈鸟的状态变成"低头""伸脚""翘尾"的效果，如图12-40所示。

图12-39　设置操控变形　　　图12-40　将"动态2"变形

4. 创建关键帧

单击✅按钮，完成变形。打开"时间轴"面板，单击"转换为帧动画"按钮，打开帧动画时间轴。此时帧动画时间轴面板中只有一帧画面，单击田按钮，创建第2帧画面，如图12-41所示。

图12-41　创建第2帧

5. 在不同的关键帧上显示不同的图层画面

此时两帧画面是完全一样的，要想出现动画效果，如为两帧制作不一样的画面。选择第1帧画面，在"图层"面板中，关闭"动态2"的可见性显示，使当前画面只显示"背景"图层和"动态1"图层，如图12-42所示。选择第2帧画面，在"图层"面板中，打开"动态2"的可见性显示，关闭"动态1"的可见性显示，使当前画面只显示"背景"图层和"动态2"图层，如图12-43所示。

图12-42　设置第1帧画面

图12-43　设置第2帧画面

12.5.2　设置动画时间和过渡帧

设置完帧画面后，单击"播放"按钮▶，发现播放速度太快，这时需要设置动画帧的播放时间。

1. 设置动画帧时间

单击帧画面下面的时间按钮，可以弹出时间设置选项，用户可以从中选择当前的帧画面持续时间，如图12-44所示。如果两帧画面的时间是一致的，那么可以将两帧画面全部选中，再单击时间按钮，统一设置帧画面持续时间，如将两帧画面的持续时间统一设置为0.5秒，如图12-45所示。单击"播放"按钮▶，两帧画面每隔0.5秒变化成另一帧。

图12-44　设置持续时间

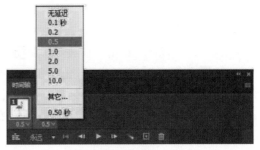

图12-45　将两帧画面统一设置为0.5秒

如果觉得画面过渡得太硬，可以为两帧画面之间设置过渡帧。过渡帧是系统专门为两帧画面中间添加位置、不透明度或其他效果而产生均匀变化的帧画面。

2.设置过渡关键帧

将需要设置过渡帧的前后两帧同时选中，然后单击"过渡动画帧"按钮，打开"过渡"对话框，其中可以设置"过渡方式"（包括"选区""上一帧"和"下一帧"），"要添加的帧数""图层""位置""不透明度"和"效果"等参数。在此将"过渡方式"设置为"选区"，"要添加的帧数"设置为2，其他参数设置不变，如图12-46所示。

图12-46 "过渡"对话框

3.调整过渡帧时间

单击"确定"按钮，可以看到在刚才的两帧画面中出现了两个过渡帧，但是过渡帧的持续时间也同样设置为0.5秒，为了让过渡帧的速度加快，可以选择中间的两个过渡帧，将其时间设置为"无延迟"，如图12-47所示。

图12-47 过渡帧设置

4.设置首尾过渡帧

为了让首尾衔接更加自然，可以在第4帧后面单击按钮，再增加一帧画面，其图层效果设置成与第1帧画面一样。同时选择第4帧和第5帧，单击"过渡动画帧"按钮，为第4、5帧中间设置2帧过渡帧，将后面3帧画面的持续时间设置为"无延迟"，此时时间轴效果如图12-48所示。

图12-48 设置过渡帧持续时间

12.5.3 动画预览和输出

1.设置播放循环

动画设置好以后，可以单击时间轴底部播放控制区中的按钮，进行动画预览。动画预览之前需要先设置"循环选项"，单击 永远 可以设置播放循环次数，如图12-49所示。这里将播放循环次数设置为"永远"，单击"播放"按钮，动画会一直循环播放，直到单击"停止"按钮为止。

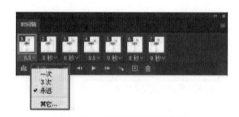

图12-49 设置动画循环次数

2.浏览查看效果

用户在设置好各选项后，可以选择任意帧动画，检查每帧的效果，如图12-50所示为第3帧画面效果。

3.播放动画

动画效果完成后，单击"播放"按钮，可以预览整个动画的效果，在播放动画时，"播放"按钮自动变成"停止"按钮，单击该按钮，可以停止动画的播放。单击"选择第一帧"按钮，可以将当前所选帧跳转到第一帧。单击"选择上一帧"按钮，可以将当前所选帧画面转到上一帧画面。单击"选择下一帧"按钮，可以转到下一帧画面。单击"删除"按钮，可以将当前所选的帧画面删除，如图12-51所示。

图12-50 浏览每帧动画效果

播放按钮

图12-51 播放控制

　　此时，单击"播放"按钮▶，可以循环无限次预览整个动画效果，画面在第1帧和第4帧时为定格画面，其他画面自然过渡，如图12-52所示。

4. 导出帧动画

　　帧动画制作完毕，需要导出为网页动画GIF格式，才能最后被使用。执行菜单"文件">"导出">"存储为Web所用格式"命令，打开"存储

图12-52 预览动画效果

为Web所用格式"对话框，设置右侧的导出参数，将输出格式设置为GIF，如图12-53所示。单击"存储"按钮，在打开的"将优化结果存储为"对话框中，输入存储的文件路径和文件名，单击"保存"按钮，即可将动画输出，如图12-54所示。

图12-53 帧动画输出设置

图12-54 保存GIF动画

12.6 拓展训练

第13章
综合实战案例

Photoshop作为一款兼具功能性和实用性的平面处理软件，随着版本的不断升级，其功能也越强大，操作越便捷。本章重点挑选几个典型的案例，从平面设计制作的不同角度，指导读者综合学习Photoshop的实用技巧。读者通过学习本章的案例，可以了解多个领域的平面设计理念，并更好地运用Photoshop规划和设计平面作品。

本章内容步骤较多，由于篇幅原因无法提供详细的操作方法，读者可以通过扫码观看案例操作重点电子文件和教学视频进行学习。